실 용 신 안 특 허 내 용

◎ **실용신안 제 0306986호 취득(실효)**

고속국도 6차선 이상 (▬▬), 4차선 (▭▭), 2차선(▭▭)

국도및 일반도로 4차선이상(▬▬), 2차선(▭▭), 1차선(══)으로 구분하여 국도나 지방
도로의 일상적인 개념을 벗어나 차선폭에 따라 운전자가 쉽게 이용할 수 있도록 전국을 직접
현지조사하여 표기 하였음.

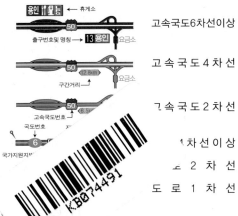

고속국도6차선이상

고 속 국 도 4 차 선

고 속 국 도 2 차 선

1 차 선 이 상

2 차 선

도 로 1 차 선

◎ **실용신안 제 0350134**

현재 위치에서 다음 페이지를 찾   아도 운전자가 가고자 하는 방향을 보다쉽게 미리
파악 할 수 있도록 근거리와 원거리의 진행방향 및 교차하는 지역명, 차선폭, 도로번호,
이정표 등을 함께 표기 하였음.

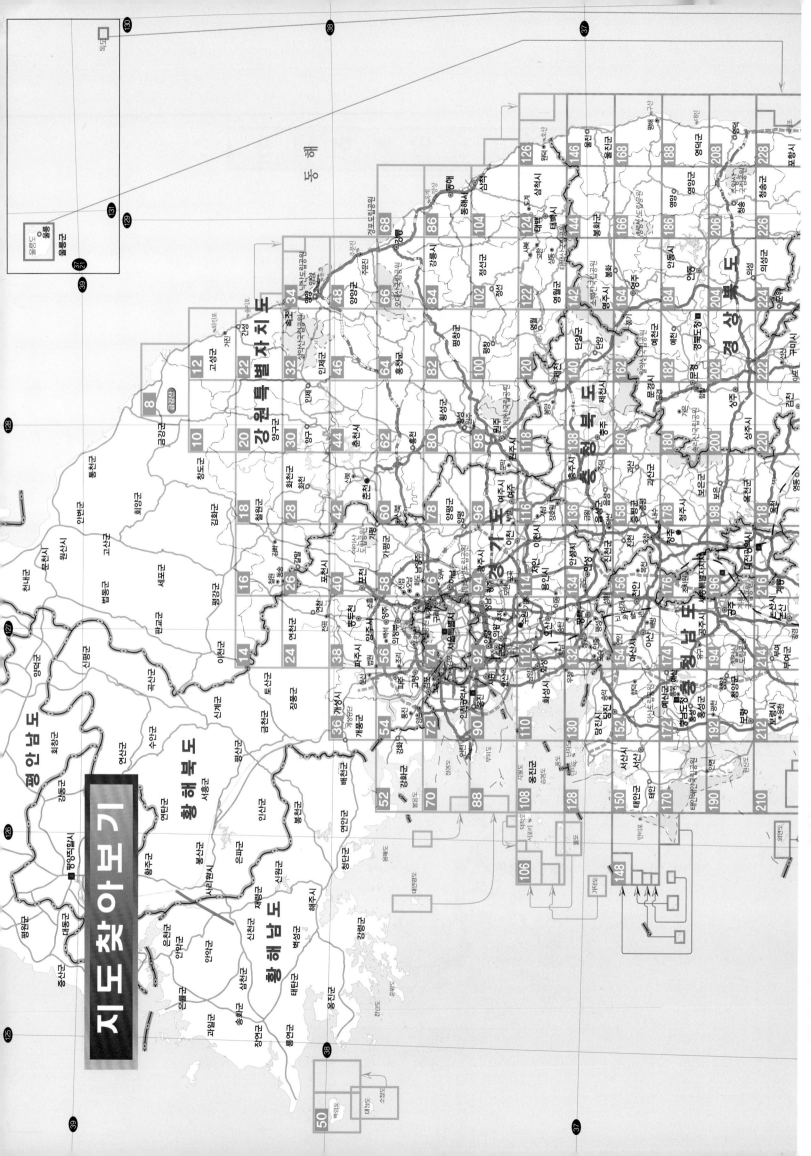

지도찾아보기

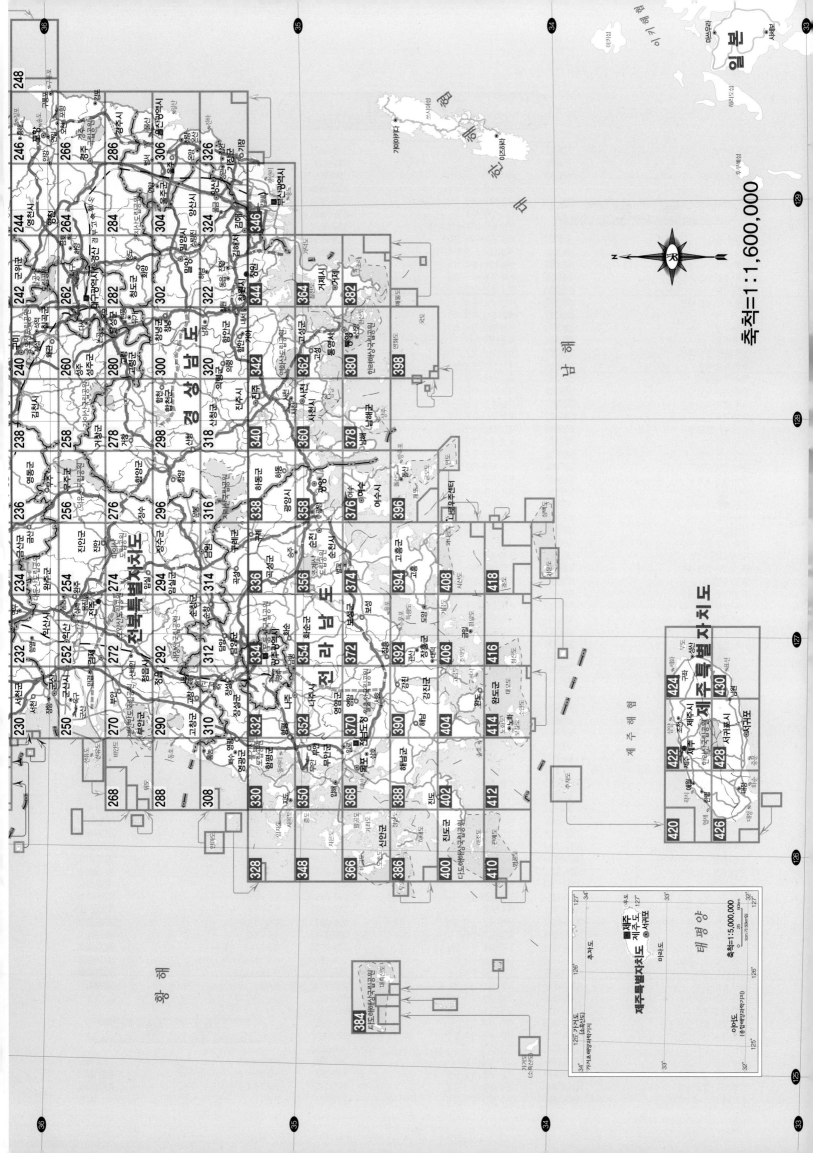

차 례

4　　　5　　　6

강원도
김화군

강원특별자치도

근북면
근동면
근남면
서면
김화읍

지연담폭포
천마리
천암리
성산리
수태리
건천리
오운리
근동리
두유봉
별유봉
상무촌
내원
용수동
국정고개
오성산 1062.0
숙고개
영대
국정
국정고개
양지말
하소
뱀골
내촌
답리
잣골
금곡리
갈골
상덕리
하덕리
밥골
논고개
목실리
배재
정연리
우구동
유곡리
성재산
상리
감봉리
계웅산 603.9
광삼리
광삼
정연리마을회관
당구미
성주고개
충렬사
암정리
냉정
천불산 584.8
도창리
물구미
안암산 507.2
읍내리
생창리
생태평화공원방문자센터
용양리
부암
양지리
용암
출입신고소
신고통행
도창보건진료소
도청초교 도청마을회관
조엽주막
조림리
성주골
운장리
꽃바우
하사리
하소동
중토동
토성
장흥리
봉촌
풍골
용암저수지
풍암리
토성리
김화읍
사금학
학사리
화강교
김화미곡처리장
사곡리
사곡천교
원당말
김화상수도사업소
지석묘
상토동
동송농협
신동
하장림
청양A
북부농업기술센터
김화하수처리장
안암
김화초교
학사
김화
내마을교회
수동동
와수리마을회관
와수교
김화상수처리장
신사곡
사곡동
토욕동
철원지석묘
토성마을회관
남대천교
남대천
청양중교 수무정교
만경동
NH bank
저작능선전적비
김화여중고교
약수동
사곡1리마을회관
근남교회
육단교 육단리마을회관
육단초교
보건전소
토성초교
지경교회
청하A
만경R
청양R
김화농공단지
김화교
천주교 김화성당
와수리
구사곡
근남
시외터미널
보건지소
보건진료소
지경3
연동R
청양리
청하동
김화성당
뎃다리
와수초교
무금동
육단3리마을회관
근남면
GS태웅
농협
지정동
늪골
구변동
쌍송동
서면
내수동교회
김화무양관
육단3리
근남교회
육단리
수피령교회
지경R
초전동
하송동
청소년수련관
하문수동
수피
수피교
갈골
불당골
월정리
이동
구리
월정리
이동
구리
사면
일장리
사내
서면
일장리
사내
사내
춘천
화천
춘천

127°21′　127°24′　127°27′　127°30′

38°21′　38°18′　38°15′

464
463
43
47
56
461
5
18
28
27

A　B　C　D　E

김화군

원남리

룡현리

동산리

상산리

송포

천골

개야리

이남리 금성천

와야동

미나리골

충현산
533.0

근동리

주라치

삼남리

어정동

월봉산
472.0

와야둔지

죽대리

후동

큰골

배선골

주자동

살구정

간풍동

하풍동

상구정

뒤재

상풍동

하구정

하진현

간진현

남대천

양곡

진현리

삼현

거리실

방성골

노동

선돌

회우

삼거리

방동

봉당덕리

후동리

신목동

통골

죽대리

추동

송동

진촌

광삼리

근동면

상천봉
815.0

철원군

원남면

457.0

승리전망대

통동현

승암고개

적근산
1073.1

동막골

주파리

봉동

서막골

안골

양지리

재궁동

마현교

마현1리
마을회관

보토목

원동
11.0km

대곡리

김화

승리전망대
판암동
출입신고매표소
마현교회
대성사

마현공소

마현초교
(폐교)

가래골리

고비목

마현리

수참동

철원교리길

주파령

장고봉

근남면

밀고개

금성지구전투전적비

가실락골

신고홍통행

장평동

출입신고소

사실동

중고개

마현리

다리골
9.1km

대성산
1174.7

광명교회

윗비끼내

잘골고개

예상동

상서면

신월동

지혜동

민간인통제

아랫비끼내

봉오리

절골

산양리

김화

춘천

56

461
화천

56

출입신고소

하집실

상집실

가래골

산양초교

화천
춘천

강 원 도

어호리

미골
상병골 귀농골
뻥골

강 원 특 별 자 치 도

칠성전망대

송동리
용호동
여문리

광대골
새말 소성동 피루개
여내골

복도서
대궐대
수동리
삼막골
황병동 손우목
넓우골

날근터

수곳지
내성동리

칠재
여골
후동

세현리 원동면 장재
흑은토령 넓은골
등대리 임남면

백암산
(흰바우산)
1179.2
매들바우
환재골
군돌

새둔지
수동령

수상리철골
거칠비

백마골
양의대
고둔골
밤나무골
대고비운이

화 천 군 화 천 읍

송정자
어두운골
국기
비운이
가는대 고양골
덕비끼내

풀무터

하방골
덕밧소

비목공원
애판골

4차선이상
2 차 선

강 원 도

창도군

백현리

상심포

두무개

박달령

두포령

수구네미

어은산
1200
1277

하심포

문등리

통선골

수구네미

양지말

양구군

철원군

임남면

도피막

늪덩지

내동

안골

배암

사태리
삼대동

곡내

드렛골

대곡

사당골

옷전배

건솔리

안전배

회미골

유덕골

양구전투위령비

서역골

백석산
1142.1

회골

두대소

샛건배

두타연

아래드렛골

장재터

양구군

우황말

배나무정

방산면

강원특별자치도

선의대

궁골

공골

천미리

함령

고방산리

점말

민간인통제

사야평

학영골

동매동

솔골

문장골

당골

송현리

어두원리

졸재
법륜사

응달말

두타연터널

고방산교

백석산

오천사슴농장

송광교회

새터
460

고양골

마기터

돈두루

고방산 충성교회

큰터

통일금요지

청천교

오천터널

샛말

두밀령
788.3

송정동

12.0km

농협버건조장

자월

방아골

현 리

4 5 6

A

B

C

D

E

23쪽 좌측 하단 34쪽 좌측 상단 연결부

동 해

동 해

가도

아야진항
아야진간이등대
보건진료소
아야진앞구
청간3
마을회관
Oil bank
청간정
청간리
토성
천진
조교
천진호
봉포
봉포해변
봉포항활어회센터
봉포항
죽도
경동대학교
글로벌캠퍼스
봉포리
봉포3
켄싱턴리조트 설악비치
그랜드켄싱턴 설악비치

고성군
토성면
용촌3
강원특별자치도
용촌리일구
SEC해양연구소
인흥
초교
현대레미콘
인각
용지호
용촌리
해양경찰
충혼탑
강원여객
속초고교
속초시
장사항
사진일리
장사횟집단지

성천리
국사봉
청학대교
SK개인택시
영랑호
통천수군
영랑정
영랑초
영랑
영랑동
설악비치리조텔
속초의료원
장사동
영랑호C.C
영랑호
영랑호리조트
비원
동지충혼비
속초문화원
금호동
동명항
설악비치
속초해양경찰서
영금정

33
34
양양국제공항
우문진
청초호

128°45′ 128°48′ 128°51′ 128°36′

38°12′ 38°15′ 38°09′ 38°06′ 38°03′

하조대해변
하조등대

4차선이상
2 차 선

1 2 3

A
B
C
D
E

검능동
룡흥동
불일동
소반고개
가재동
미륵당
청학동
냉정동
조암동
성균관
고려박물관
개성시
관광구역
곡령리
칠능동
태조릉
북녕동
만월대
상업구역
오정문
고룡동
명능동
태조능동
오공산
2020
오공동
사직동
선죽동
선죽교
자남산 103.0
검은화골
공장구역
공원
상업구역
개성공업지구
개성시가지(13K㎡)
생활구역
개성공업지구
제3단계
면적: 공단 11.6K
배후도시 6.6K㎡
(예정)
연릉리
대평동
개성
개성역
개성
상업구역
아밋골
평동
종이동
대국골
유목동
수라감
남산
경덕궁
경의선
평양-개성간고속도로
고두난리
고두산리
평화리
송연동
중산동
대조주리
새말
봉동역
경의선
양릉리
송학동
이답동
성남동
(손하리)
손하역
장래확장지
율동
대봉
체량동
광답리
고남리
안룡동
도조리
비전동
이답동
공장구역
공장구역
공단2단계
(공사중)
전기
폐기물
처리장
화학
금속
봉동리
개성공업지구
공단1단계
면적: 3.3K
금암리
광천리
간동
다비현동
진봉리
백화담
옥천사
생활구역
전자
기계
고무
섬유
상업구역
진봉산 310.0
음식료
기타
APT부지
폐수종말처리장
개풍군
오산리
부산동
청룡동
원산
강룡동
능동
도선암
현화골
APT부지
현대아산
개성사업소
생산시설용지
섬유
로만손
에스콰이어
매스
황기공장
중국사무소
광덕산 146.0
모참동
여석동
홍농동
냉장동
공장구역
공단2단계
면적: 공단 5천
배후도시 3.3K
(공사중)
관광구역
삼봉리
덕물산 288.0
마촌리
산상동
200
박적동
황해북도
옥련지
천방동
모련골
대흥동
노루메기동
구촌
가는골
동창리
효려동
중련리
홍촌동
궁골
연경사
텃골
죽동
정산
천문리
묵송리
용문산동
대련리
목동
선메
천덕산 2020
호군동
한다리
두문동
간골
남점골
상도리
고산동
달골
지동
외야리
광덕리
신죽리
율동
점말
밤개동
말메
밤동골
놋정
봉황산
신성리
신현
지동
양사리
까치울
군장산
군장리
풍덕리
근말
가좌리
봉곡
관현
화곡리
송산리
도동
서정
목지성
화곡저수지
덕수저수지
고군리
남창리
산사리
상삼귀
초동
장경리
가림리
재령리
황매동
덕수리
여니산
지내리
장경저수지
흥교사
목과동

4　　　5　　　6

126°39′　126°42′　126°45′　126°48′

38°00′

관광구역

대원리
구정동
선적리
옥심동
발송리
정전협정조인장
판문점
어룡리
판문점리
기정동 선전 마을
기정동
적전리
판문역
출입사무소
도라산리
평창동
납촌골
상지산동
지금리
금암골
천덕리
이곡리
동강리
창내리
박골
동강리
추촌
칠정동
대룡리
대야리
율곡리
정동리
덕못골
조산
광대동
칠정동
고잔동
진촌

중 리
중리
대성동초교
대성동
송현리
백동음리
조산리
대성동 자유 마을
냉정동
광명리
광명동
마산골
중석골
실골
장단
서장리
중동
하동
방축골
율골
장촌
도라산역
경의선
노상리
맹이
덕현동
발잇골
풍곡
웅곡
조랑진
금곡동
거곡리
소장리
상거로리
자음리
구룡동
석곳리
도화동
한수동
노하리
직골
뱀다리
고루리
오금리
탄현면
낙하I.C
낙하리
낙희

육대리
서암
갈현
고읍리
입바우동
원동
사장동
장평동
일원골
진서면
감안동
장파동
뒷내골
동평말
내동
금릉리
백학동
경신현동
점원리
안골
공덕동
군량동
장단면
군내초교
백연리
도라산리
방축골

고읍동
평촌
마은골
창곡
박골
갈현
사시리
지릉동
대덕산
237.0
갈현동
도장동
도화동
읍내리
오목동
와둔지
군내면
정자리
개창동
율민동
오룡동
남산동
수내나루
경기도
마정리
자유I.C
임진각관광지
독개
자유의다리
임진강철교
임진강역
제3땅굴방문
신청안내소
임진강
마정R
말우물
통합농기계
수리센터
밴쟁이
사목리
사목R
사목3
사목기나루
반구정
당동1R
GS문산
당동3
당동리
당동I.C
하동
문산
문산역
문산시외버스터미널
문산4거리
내포I.C
내포리
안골

백조면
연천군
사야시동
고룡
상쇠골
금곡
운곡
응곡
산후동
화전동
이목동
초록동
곽촌
방축동
천당동
장화동
초리
전원상동
향교리
장단
유현동
심복동
망현동
진현
안동
이장포
대추포
금암
초평도
장산
맛개
신속리
비인동
우무새
장지동
마운동
배미
임진수리조합
별판막
장산리
해서장
충의골
운천리
보맥이
돌결이 운천역
하미
대덕골 한미양행
GS칼텍스
여우굴
임진리
여우고개4
여우고개
당동일반
산업단지
세성A
돌곶이
푸른숲마을
구장릉
바우배기
원두골
당동R
창곡
선유리
주원동
문산동초교
선유중교
선유3
선유일반
산업단지
신도시골
문산4
SK성
문산초
문산교
문산종합운동장
문산여중고교문산
통일공원
통일로
bank
파주소방서
구운동
도촌
원릉원반산업단지
내포리
낙하
오금리

박능동
수류리
잔곡리
서당골
고릉
동창의
마담리
소무골
소수물
장남면
사내동
서곡리
진동면
갈산동
사동
춘양동
와양동
용산리
삼일동
담병동
하포리
중동
도청동
도천동
왕촌
동파리
청운동
동자동
일월봉
191.2
일동
작성
양주
37
율곡2R
화석정
파평면
율곡리
상수도사업소
농협미곡처리장
새능
인수
성황당고개
휴먼시아1
독서동
문산동
문산KT
독서3
364
별말
봉일공원
수어중교 굿모닝
박능동
서적개
파주읍
봉서리
215.5
봉서산
Oil bank
파주패차장

78

38

37°57′

37°54′

56

──── 4차선이상
──── 2차선

고양
서울
55
LG디스플레이
탄현
359
문산
진동
파주
고양
파주
고양

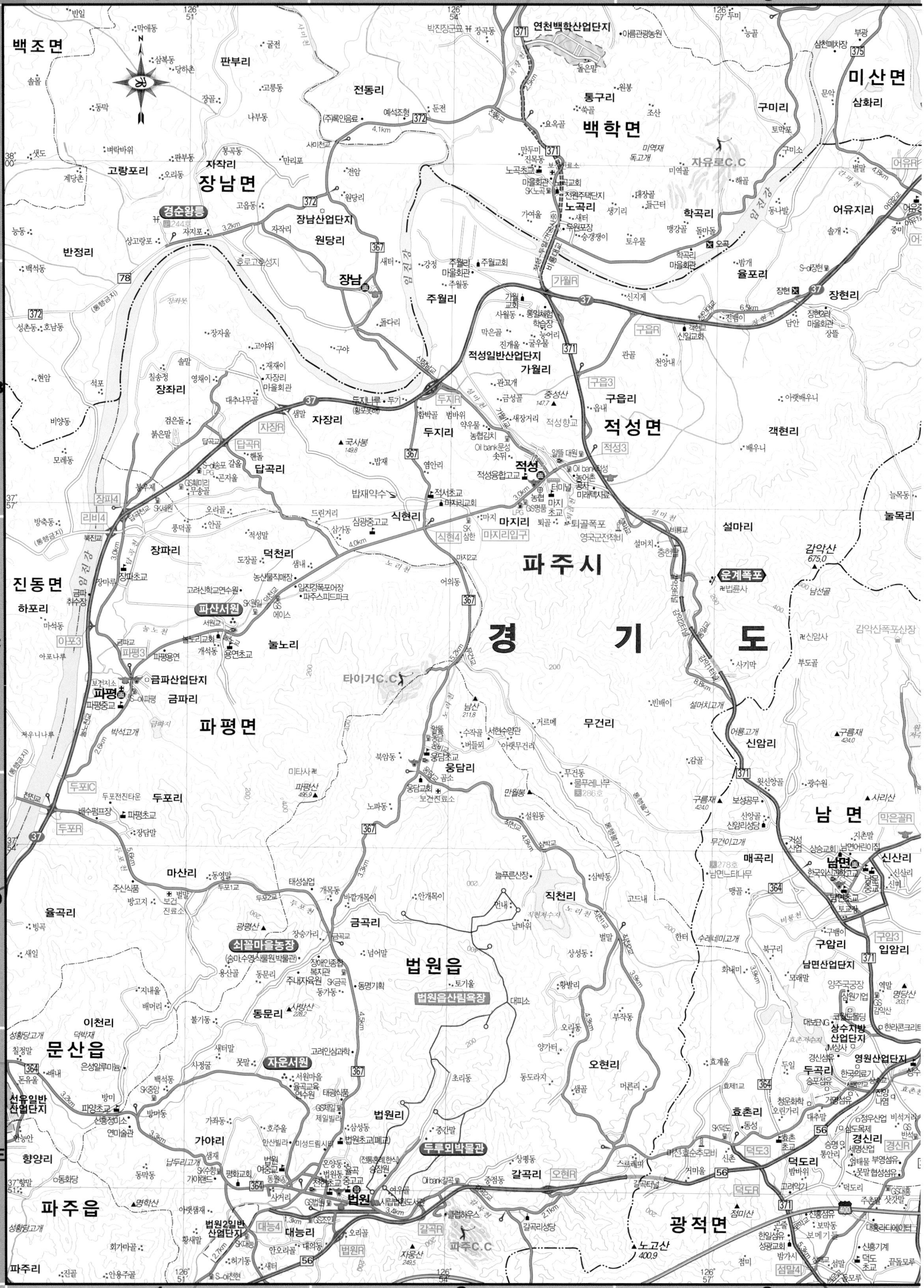

24
2

백학

1   2   3

백조면

장남면

백학면   미산면

A

경순왕릉   자유로C.C   어유지리

진동면   적성면

구읍리   객현리

파주시

경   기   도

운계폭포

파평면   타이거C.C   감악산

남면

문산C.C   D   법원읍   남면

문산   자운서원   구암리

법원읍산림욕장

파주읍   두루뫼박물관   광적면

갈곡   노고산

문산읍

55   1   2   3
56

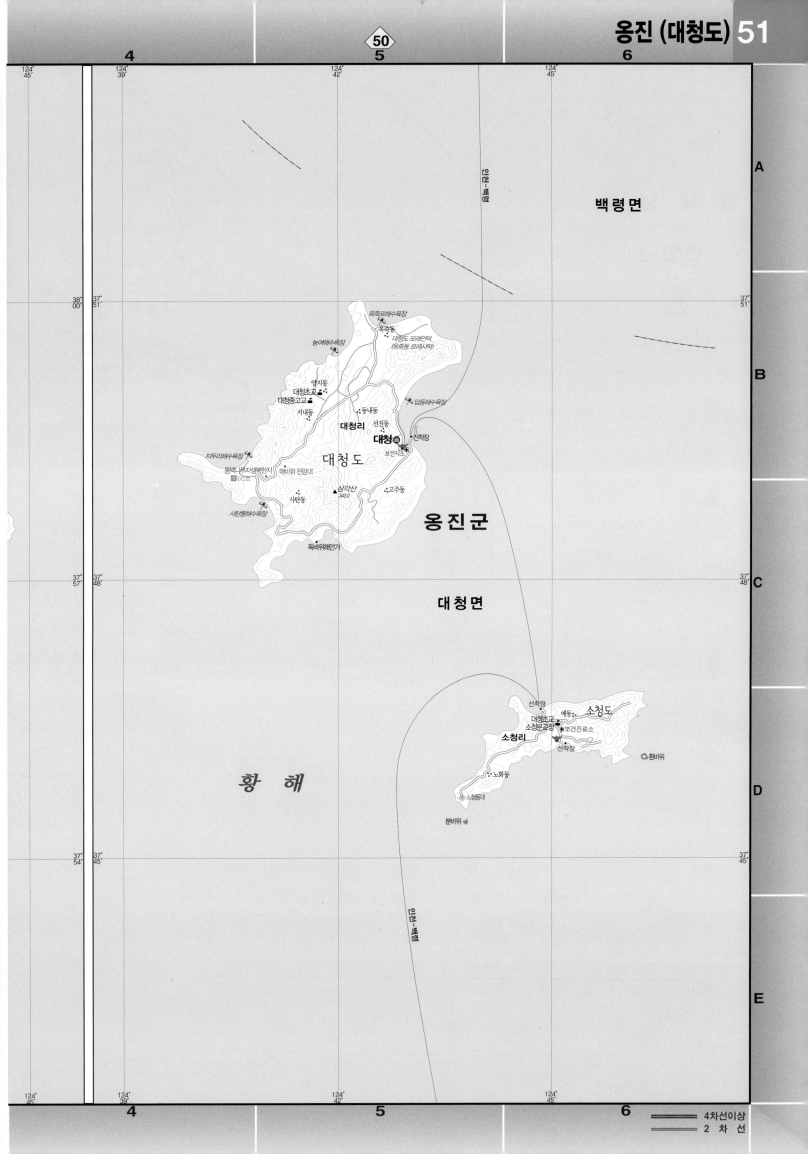

50
5

백령면

옥죽포해수욕장
옥죽동
농여해수욕장
대청도 모래언덕
(옥죽동 모래사막)
양지동
대청초교
대청중고교
서내동
동내동
선진동
대청리
대청
선착장
답동해수욕장
자두리해수욕장
보건지소
동백나무자생북한지
매바위 전망대
66호
대청도
사탄동
삼각산
343.0
고주동
사탄동해수욕장
독바위해안가

옹진군

대청면

황 해

인천-백령

선착장
예동
소청도
대청초교
소청분교장
보건진료소
소청리
선착장
환바위
노화동
소청등대
분바위

인천-백령

4차선이상
2 차 선

강화만

양사면

강화평화전망대

북장곶봉대
소래돈대
구등곶돈대 까까래문대
참곶
철산교회 철곶돈대
철산리
천신돈대
산이포나루
널다리돈대 산이포
철신3
북성 복성리마을회관
북성리 철산리
북성아트센터 북악봉 167.0
양촌
요곡
상도촌리
내곡촌 박촌말
승천포돈대
승천포
목곡
다라목
우근
신포 양사초교 덕하리마을회관
오촌동 더하천
간촌
당산리
강골
내곡촌
하점면

광암돈대
서사 체험학습장
인화리마을회관
송산 중산
샛말 말모루 양사 농협

교산리 교산리마을회관
짓절미
말미
교산리고인돌군
금화당
교산저수지
새말고개
덕고개3
성산수양관
석적여래입상
잠골
강화은암자연사박물관
양오리
김직골
망오리마을회관
송해면
종의
금동산
114.0

저운동
배우고개 2.5km
국회연수원
신봉3
이강3
신봉천 291.0 1.0호
5층석탑 신봉교회
신봉리
하점 하점초교
강화역사박물관
부근3 137호
상도리
송해2리마을회관
호박골

인화리
사갓추리
심은미술관
강서중교
함촌말
별립산 416
강화추모공원
창후리 창할
창후3리마을회관 3.2km
뒷물

하점면
곡멀
오수물
무애원
부근리 정골지석묘
강화추모공원 2.1km
S-oil고려산
솔정리
전원미술관
송해
송해3
강화김포
48
48

인천광역시

무태돈대
이강리
이강3
샛터말
발가운데말
SK주유
안창골
소죽양
부근리
시루메산
삼거리
샘말
오류내
하도리
하도저수지

삼거천 삼거리고인돌
하점교인돌
동촌
석촌
신삼리

망월3리마을회관
아래망월
망월리입구
망월리
망월교회
강화농산
망월1리마을회관
태평리 불
명신초교
미꾸지
산마
다운지
낙조대
낙조봉

백련사
강화아시아드
BMX경기장
강화고인돌체육관
김작골
충정문
강화고교
강화22리마을회관
연화골

강화군

상주산 264.0
새넘어
상주
장말
상리마을회관 석정동
천재
송가교회
상리
십결
숫개
아랫말

망월돈대
내가천
구하리
평전
내가교
오상리입구3
오상3
오상리
오상리고인돌군
내가지석묘

고천리
고천리고인돌군
고부교회
삼범초청소년야영장 3.9km
연촌 3.3km
고려산 436.3
국화리
청련사
고종흥릉
국화리학생야영장
노적산
선행지 2.6km
충렬사
나래현
유앤묵

강화읍
국정

남산리
강화성지예수마을
강화성산청소년수련원
정승댄김치

내가면

대흥
보건진료소
중촌
수촌
계룡돈대
황청저수지
국촌
황청포구
황청리
국수산 193.0
덕산국민여가캠핑장
현천
내가 내가초교
내가2리마을회관
장경
고천2리마을회관
초계
신성저수지
한국글로벌세프고교

퇴모산 338.5
혈구산 466.0
황련사지
선행리
선원면
선행교회
냉정리
냉정리교회
삼성1리마을회관
돌성
Oil bank
선원환경공원
강화군

기상관측소앞
기상관측소
아르미애월드
강화군농업기술센터
강화교육지원청
인양대학교 (강화캠퍼스)
매제이
삼성초교
Oil bank서문안
삼성리

석모도

석모리 석모3
서촌
SK삼산 삼산
삼산초교 보건 현천 동촌 4.5km (삼산출장소)
구리안

외포4
정포
대정
외주
내포리 외포리
외포리선착장
인산리
양지왕방
다라락 황골
더치 박공재
인산3
인산리
양지왕방 서문안
별말
삼동암리
신도현
삼성리

상봉산 316.1
석모도자연휴양림
보문사 절아래

밤개
산수
나루뚜리 석모리선착장
대섬
석모나루
석포리
납섬
석포교회

노고산 104.9
화전
건평리
건평돈대
건평리마을회관
대화촌
양지촌
존강
삼흥1리마을회관
월정
산문

불은면

경주골

소송도
매음저수지
유정농원
어류정뉴우터

해명산 308.9
삼천수
매음리
큰말
SK해명
해명초교
인내

스파리조트
유니아일랜드골프
전득이고개
나무섬

양도면

하우약수터
하우고개
진강산 443.1
고릉 고려강종의비
원덕태후릉 371호
곤능
곤능

어류정선착장
어류정도
보건진료소
선착장
큰말
2리SK해명

하일리
하일
정제두묘
양도 동광중교
가릉
능내리
370호
고려백종의비
순례태후묘
인천가톨릭대학교 강화캠퍼스
강화대학교
길정리
석릉고려희종의묘
369호

탑재
조산리
조산초교
계룡정소년수련원
도장리
대흥
정하동

C 54

72

━━━ 4차선이상
━━━ 2 차 선

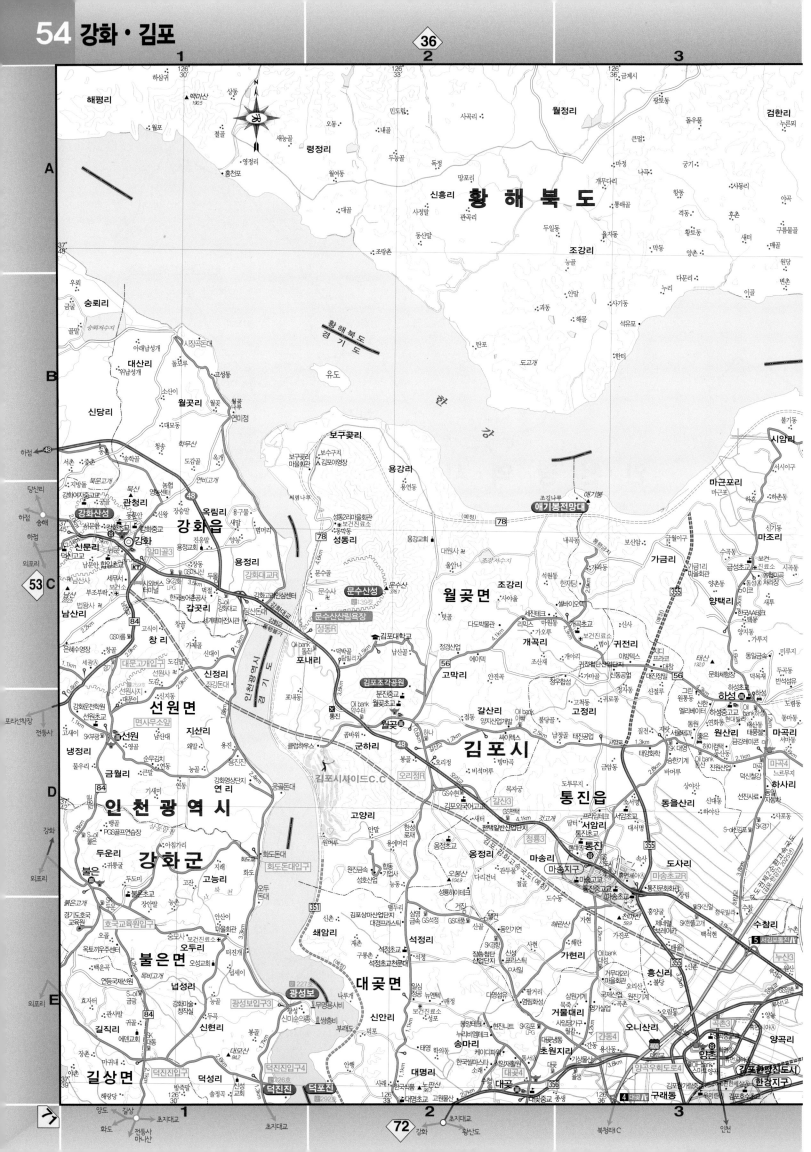

홍천군
내 면

오대산국립공원

강원특별자치도

평창군

진부면

연곡면

대관령면

대관령

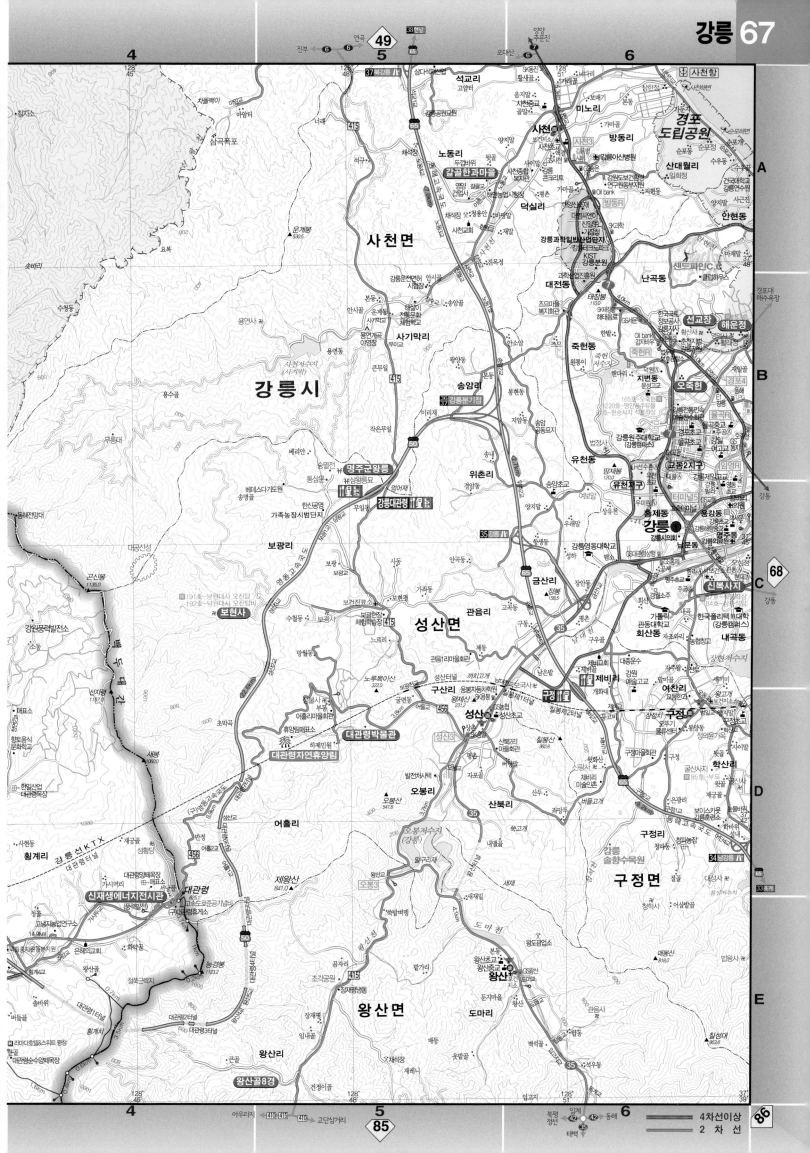

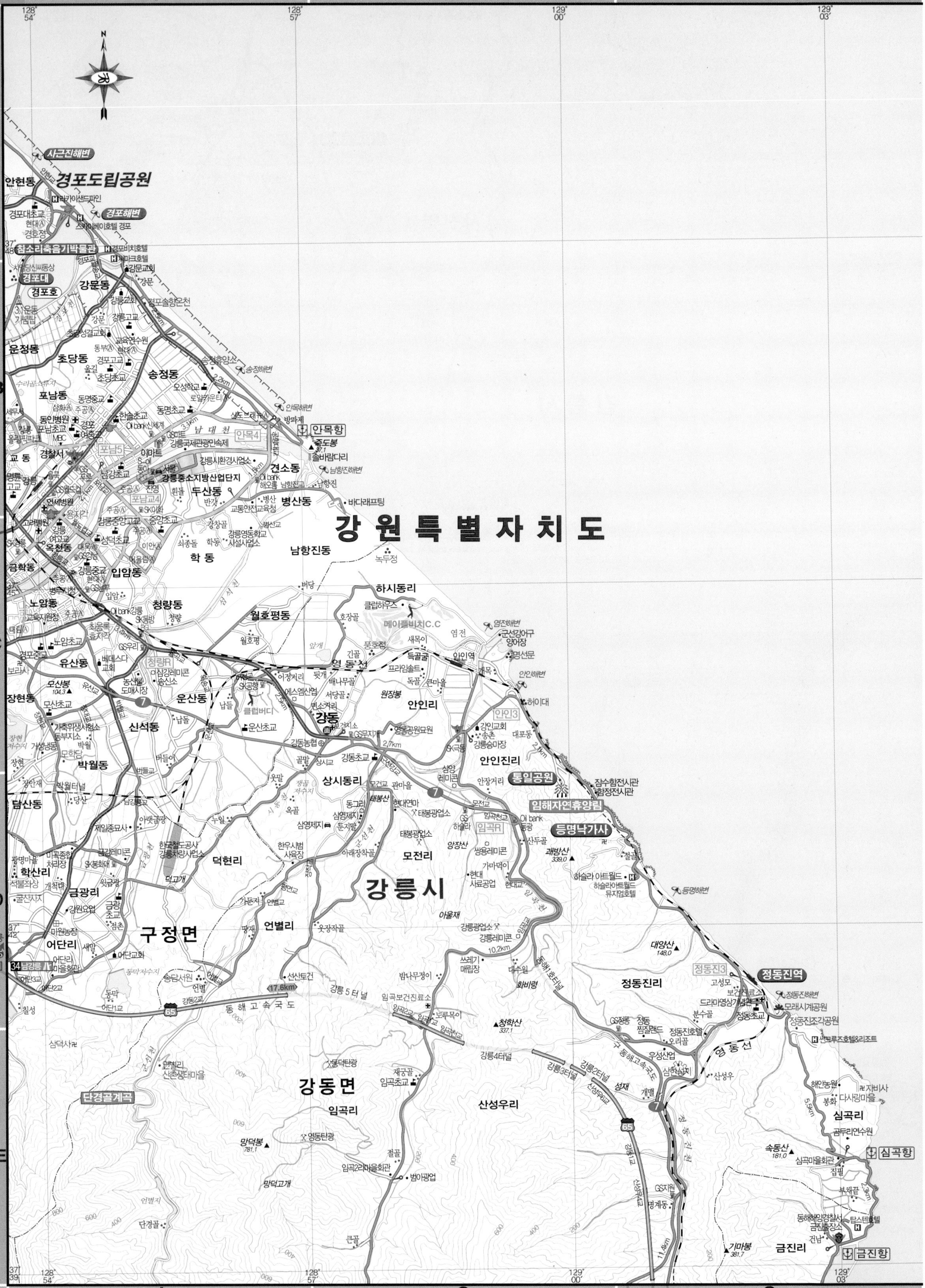
1
2
3
A
B
C
D
E
경포도립공원
사근진해변
경포해변
안현동
참소리축음기박물관
경포대
경포호
강문동
운정동
초당동
송정동
송정해변
포남동
안목해변
안목항
죽도봉
남대천
교동
경찰서
이마트
견소동
남항진해변
강릉중소지방산업단지
두산동
병산동
바다래프팅
강원특별자치도
옥천동
금학동
입암동
학동
남항진동
강릉시청
하시동리
노암동
청량동
월호평동
메이플비치C.C
염전해변
군선강어구
안인해변
유산동
운산동
강동
안인리
영동선
안인진리
통일공원
임해자연휴양림
등명낙가사
장현동
신석동
박월동
상시동리
모전리
괘방산
덕현리
강릉시
학산리
금광리
구정면
어단리
언별리
대양산
정동진리
정동진역
정동진해변
모래시계공원
강릉5터널
동해고속국도
청학산
강릉4터널
산성우리
강동면
임곡리
단경골계곡
심곡리
심곡항
속동산
망덕봉
기마봉
금진리
금진항
17.6km
10.2km
11.4km

67
85
86

청평 청평 청평 가야 유원지
남양주 평내
가평안천재개발센터

가평군

설악면

엄소리
설곡리
천안터널 하촌
하우저 하우
용문산천투전적비
병암산
방일초교
양방
아난티코드GC
클럽하우스
방일2리마을회관
유명산

통방산
649.8
천안리
통나무거리
심태봉
683.0

프리스틴밸리G.C
이레요양원·속셔

명달리숲속학교
명달계곡
명달3
숲의의성
가마봉
487.0
소유곡
명달리
명달현

서종면

정배리
정배교회
정배초교
명덕교
보건진료소
정배3
정배계곡
십자수도원
양현
중미산
833.9
휴명3
아랫가정
윗가정
가일리
유명리
참숯가마
유명산자연휴양림

경 기 도

수능리
서후리
서후리마을회관
서후교회
서후정농원
옥산
577.9
중미산자연휴양림
중미산천문대
중미산3
소구니산
799.9
유명산
862.0
어비산
808.6

옥천면

마당채
283.0
두물머리
목왕교회
운송갤러리
목왕리
대한수도원
청계산
656.0

양평군

신복리
눈썰매장
양평관광농원
사리막
게르마니아스파랜드
엠데라골
신복3리
마을회관
대부산
743.4
설매재자연휴양림

용담리

양서면

신원리
365.9
부용산
신원2리
마을회관
신원역
청계리
청계산
증동리
고현
형제봉
매봉산
227.0
복동3
신복리
신복2리마을회관
동초3
편전산
377.7
수목원
사나사
사나사계곡
용천리
성두봉
433.1

검천리
양수발
검천교회
인성체험학교
도곡리
도곡
신앙고개
국수리
중앙선
국수역
복포리
복포터널
양평IC
양평8
옥천터널
아신리
아오곡
아신대학교
양평캠퍼스
옥천레포츠공원
건지산
141.0
옥천리
춘부비료공장
신애리
새만이
신애3
덕평리

정암산
403.3
작은청탄
큰청탄
양서초교
복포천
양근대교
양평플라자
환경사업소
구인사
먹구실
오빈리
오빈터널
오빈평
오빈저수지
상평R
양평읍
양평
양근리
공흥리

강하면

수청리
대심리
대아섬
한강쎄마
학습장
강하초교
운심리
강하
강하중교
전수리
백병산
423.6
양평들꽃수목원
드라이브인
양평극장
야외공연장
산림조합
양평리조트
광탄3
양평
양평병원

강상면

해협산
527.7
경희대
숲속체험학교
도수리
삼백동
삼락원묘원
왕창리
왕창교
미명산
왕곡
강하초교
성덕리
동오리
성덕교회
신촌
화양리
송학리
양계단지
강상
강상초교
강상체육공원
교평리
창대리
지평
여주

경기도

가평군
설악면
옥천면
양평군
용문면
양평읍
지평면
단월면
서면
개군면

강원특별자치도

산음자연휴양림
어비계곡
석산계곡
중원계곡

보리산
소리산
산음리
중원산
백운봉
용문산

엄소리
양어장
묵안리
덕평리
도곡리
창대리
회현리
봉성리
원덕리
용천리
연수리
덕촌리
마룡리
다문리
용문
지평
송현리
광탄리
봉상리
단월
덕수리
보룡리
부안리
향소리
명성리
대곡리
석산리
길곡리
설곡리
신점리
오촌리
금곡리
중원리
조현리
삼가리
월산리
삼성리

강원특별자치도

남 면

홍천군

청운면

횡성군

서원면

양동면

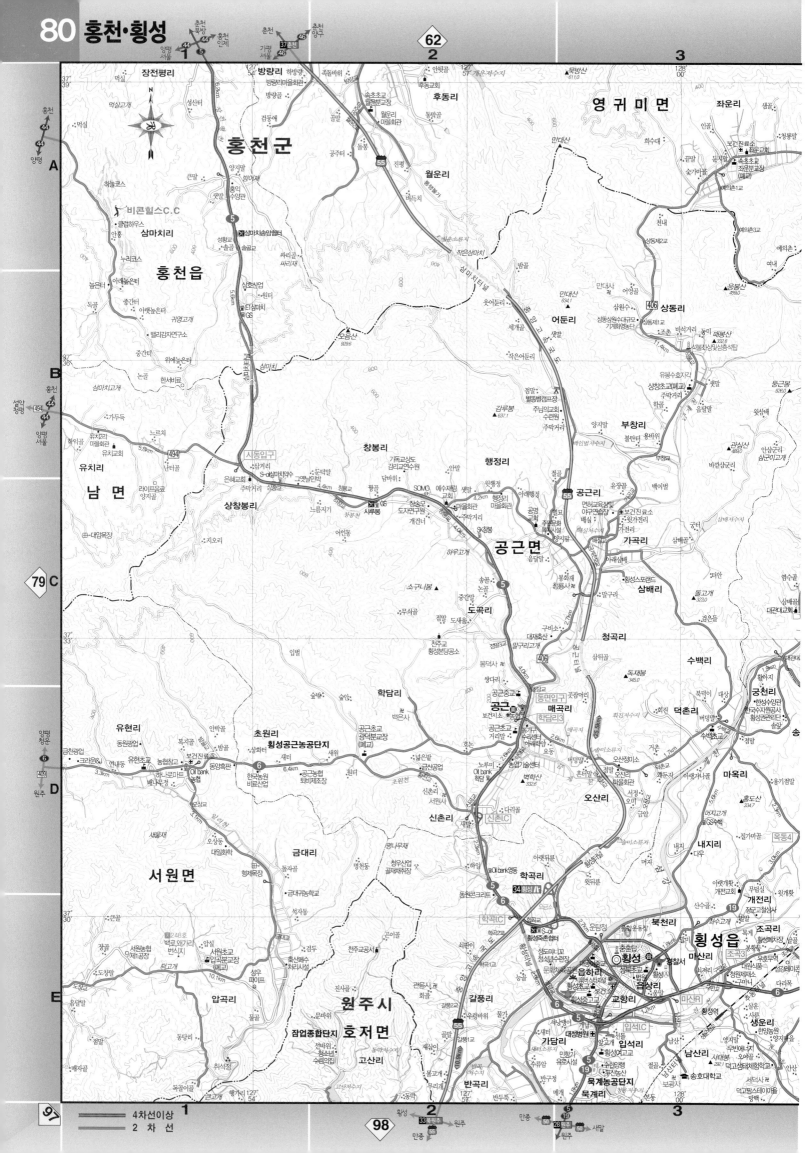

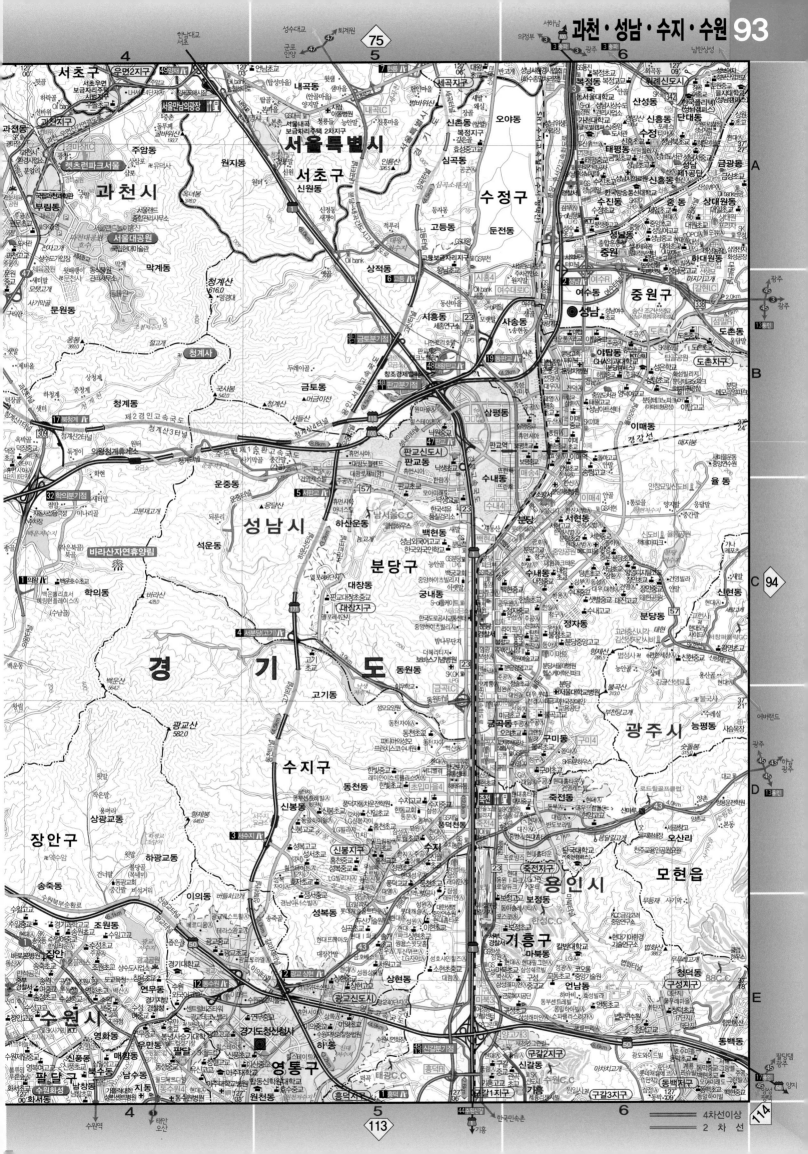

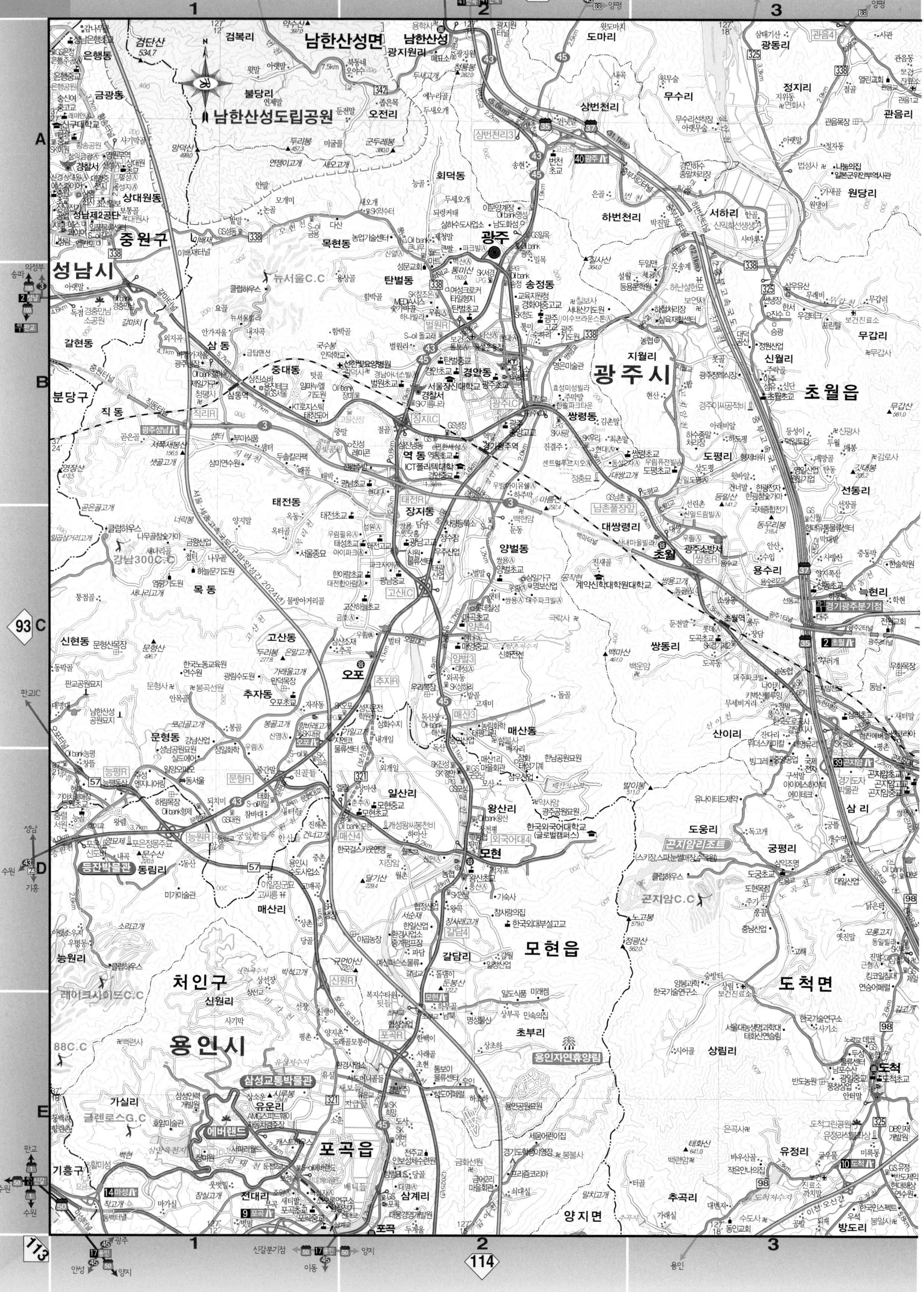

남한산성면　남한산성도립공원　성남시　중원구　분당구　처인구　용인시　광주시　초월읍　모현읍　도척면　양지면　포곡읍　기흥구

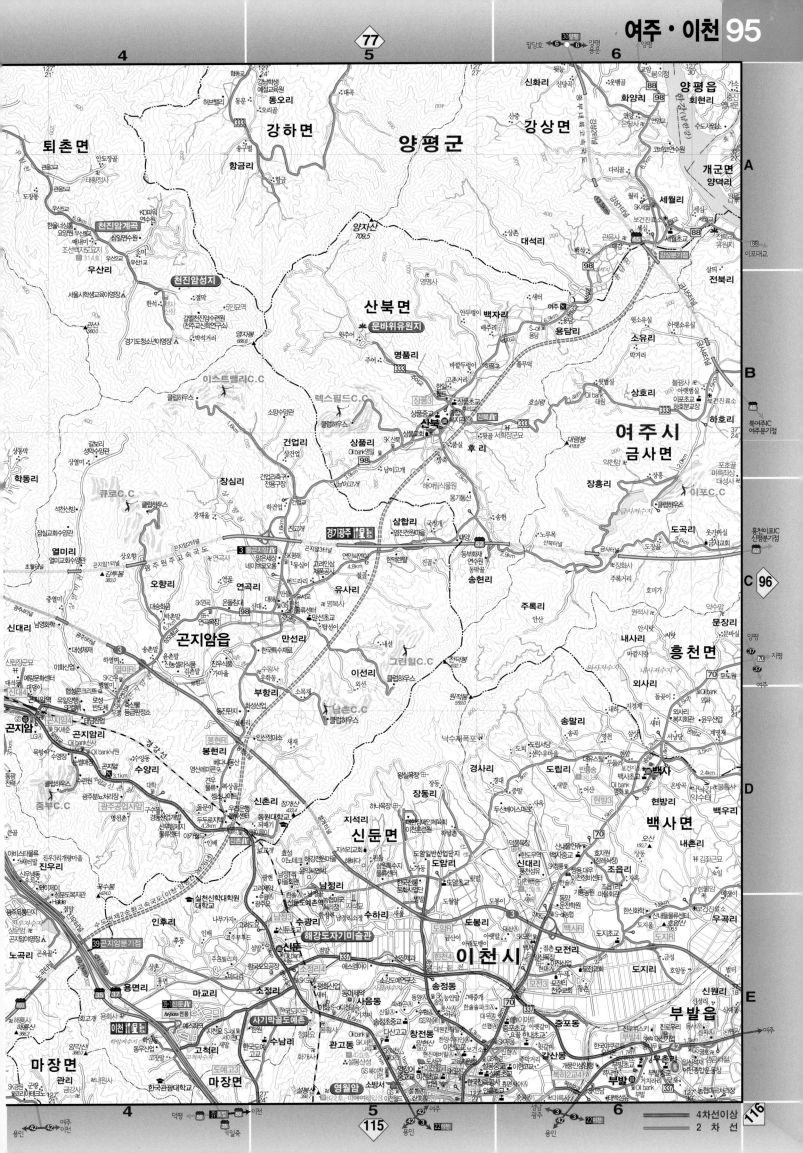

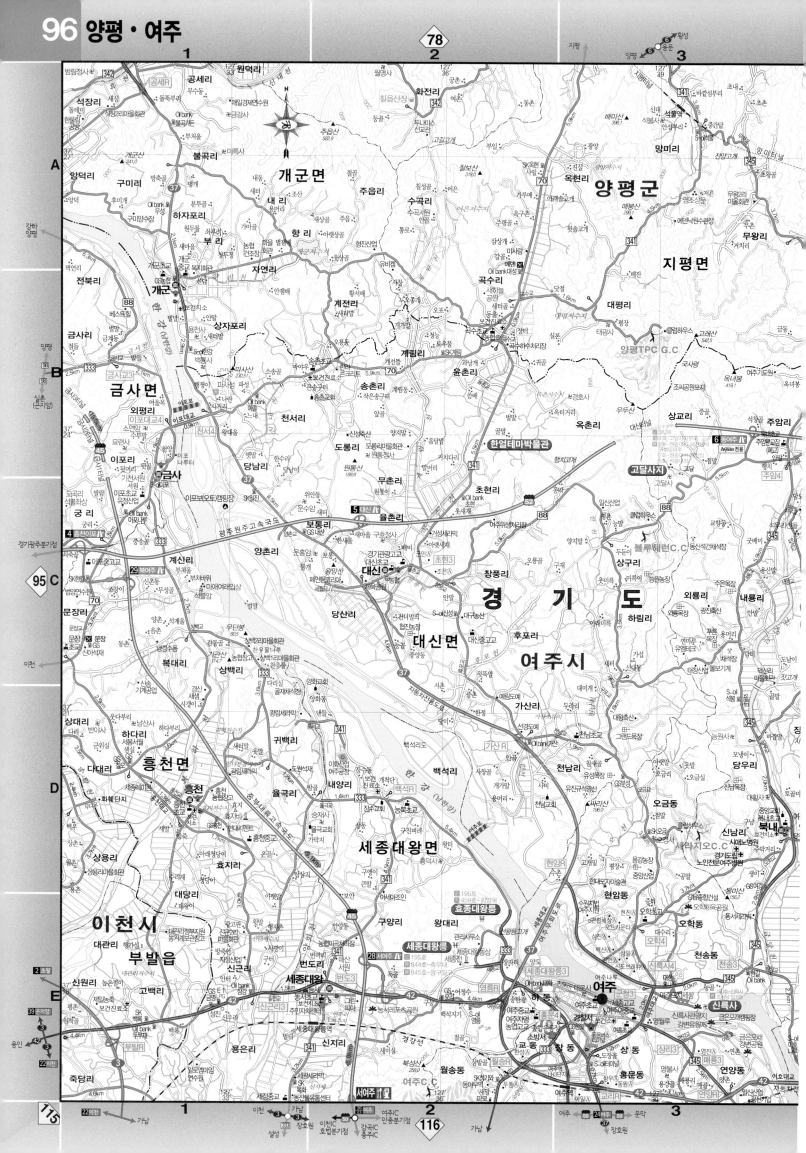

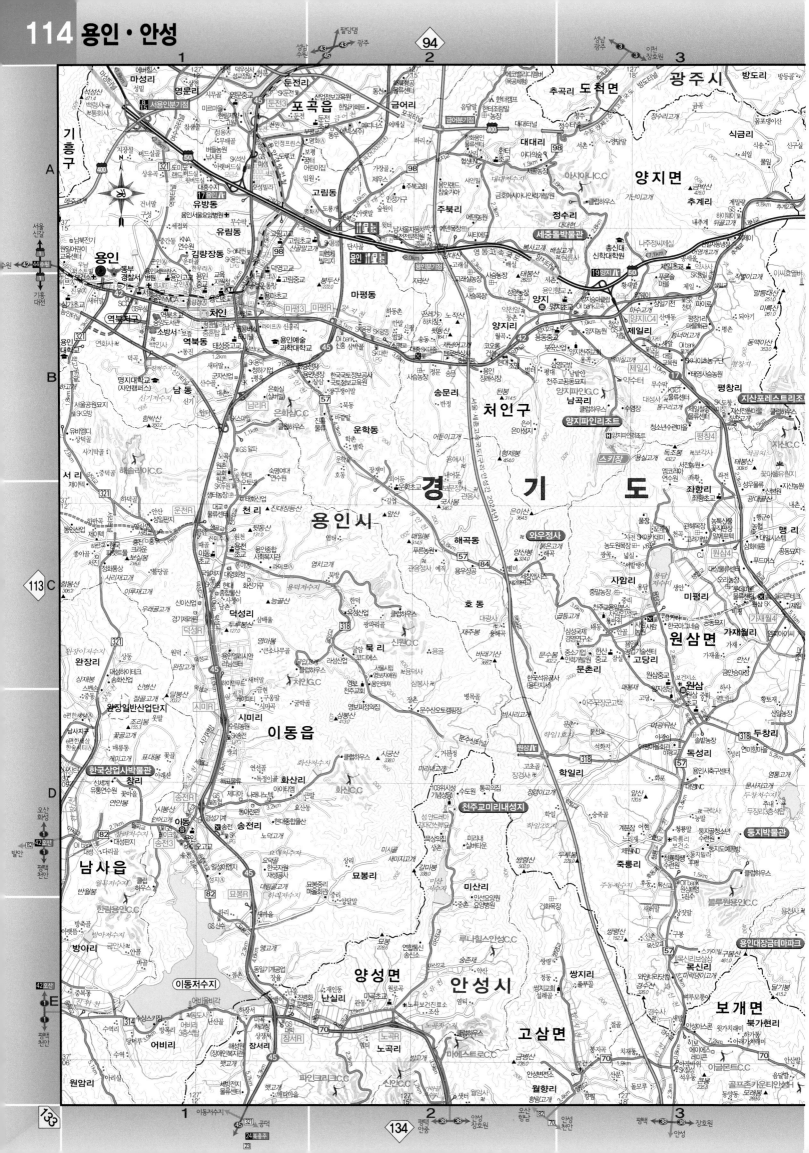

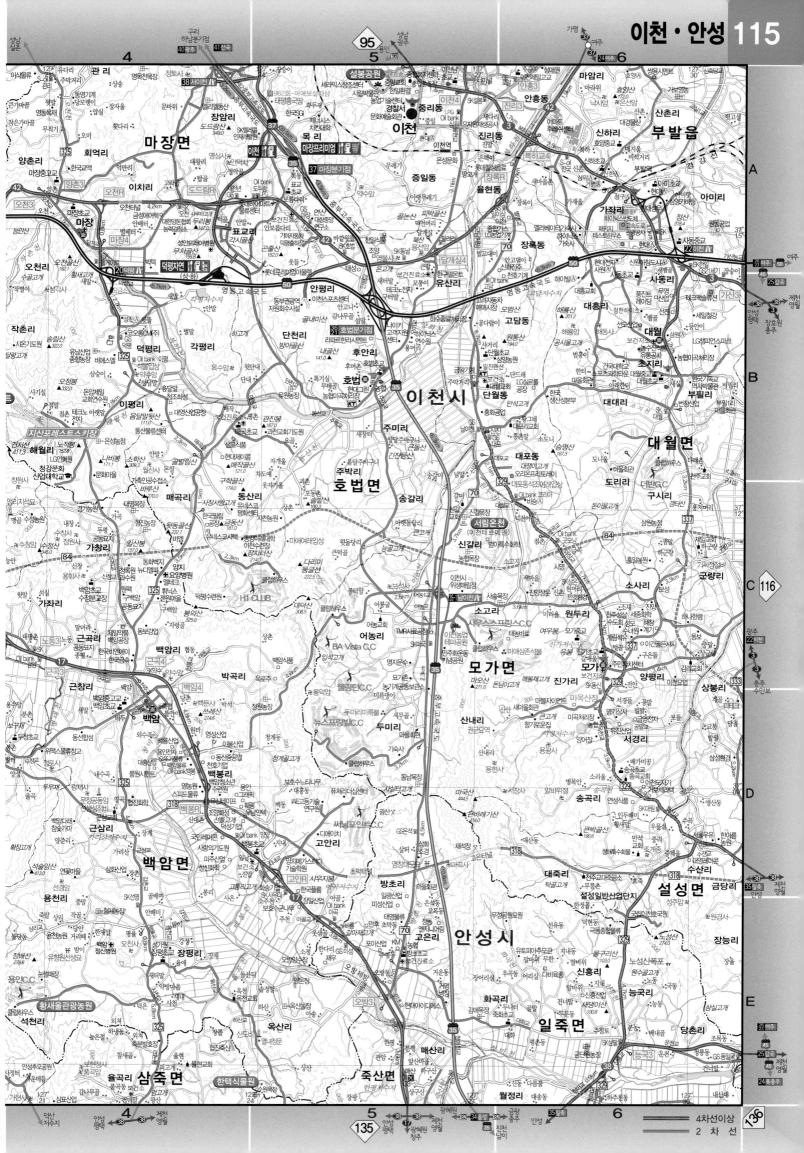

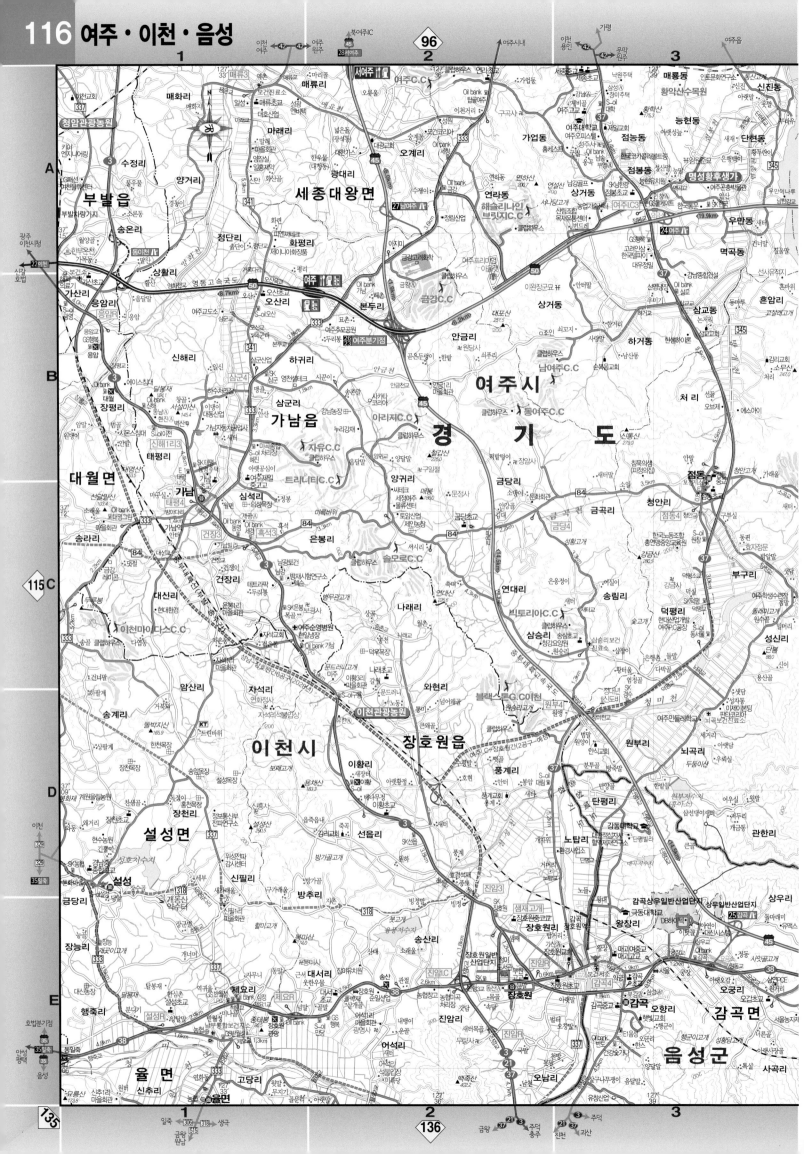

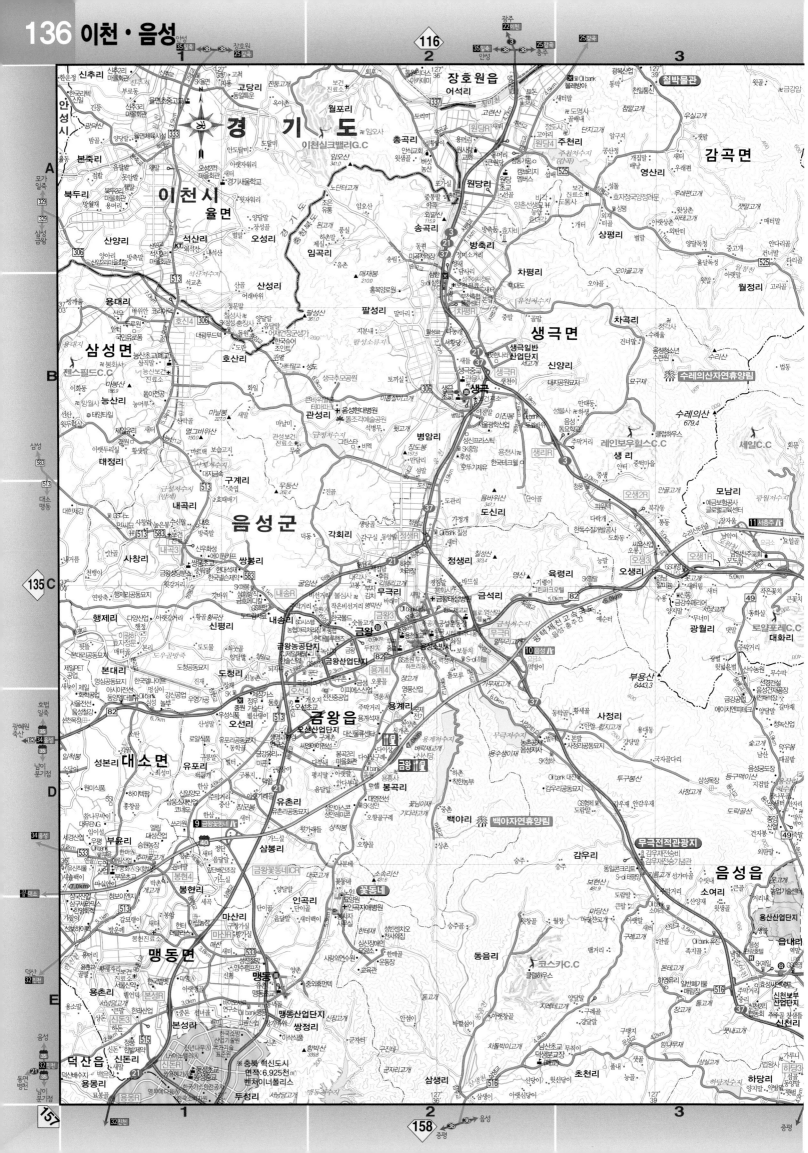

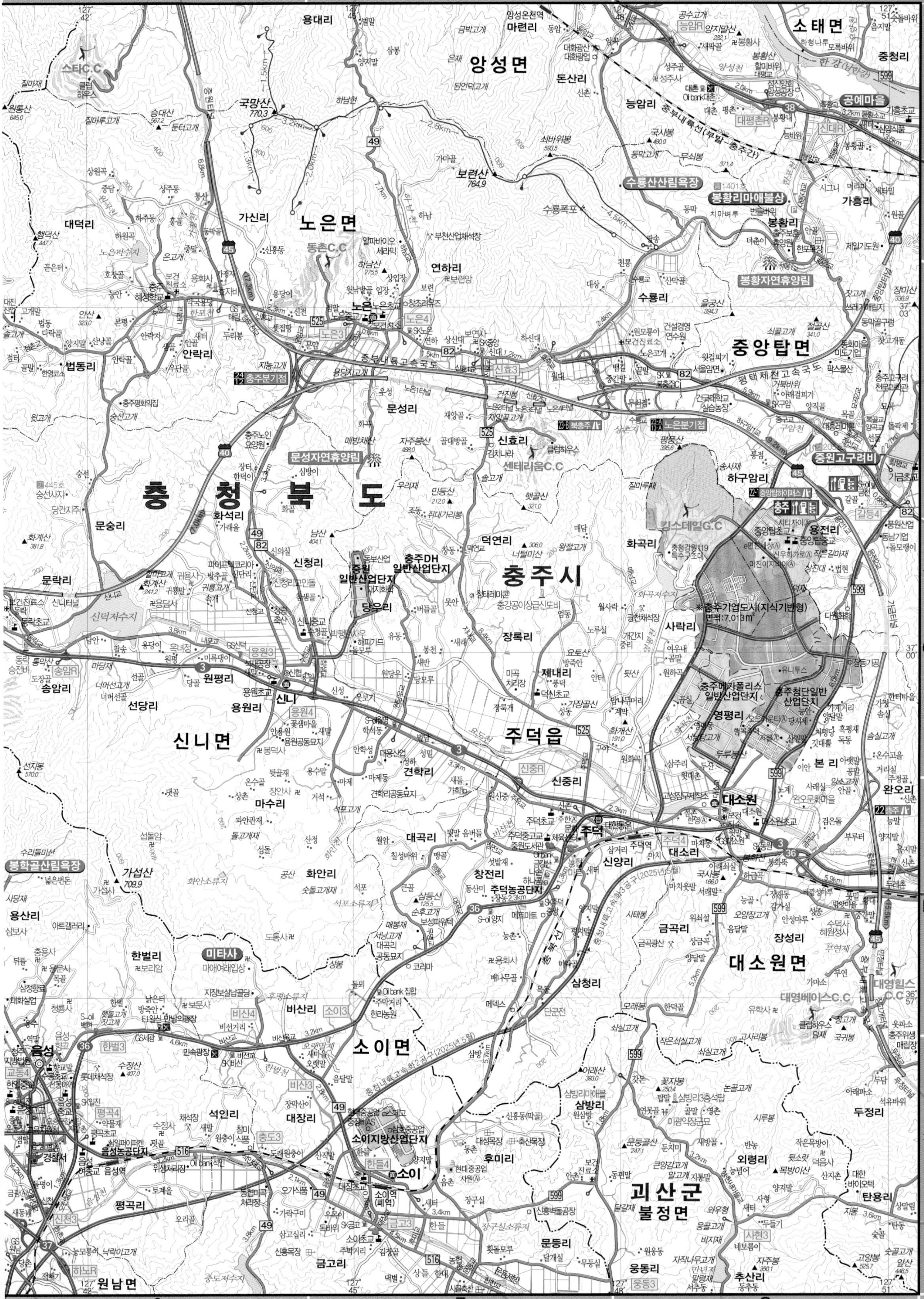

충주

앙성면 · 노은면 · 중앙탑면 · 소태면 · 충청북도 · 충주시 · 주덕읍 · 신니면 · 대소원면 · 소이면 · 괴산군 · 불정면 · 원남면

국망산 770.3
보련산 764.9
가섭산 709.9

수룡산산림욕장
봉황자연휴양림
문성자연휴양림
봉학골산림욕장

충주기업도시(지식기반형) 면적:7,013천㎡
충주메가폴리스 일반산업단지
충주첨단일반산업단지
충주DH 일반산업단지
중원 일반산업단지
주덕농공단지
소이지방산업단지
음성농공단지

중부내륙고속국도
평택제천고속국도

117 5 · 138 · 159

4차선이상
2차선

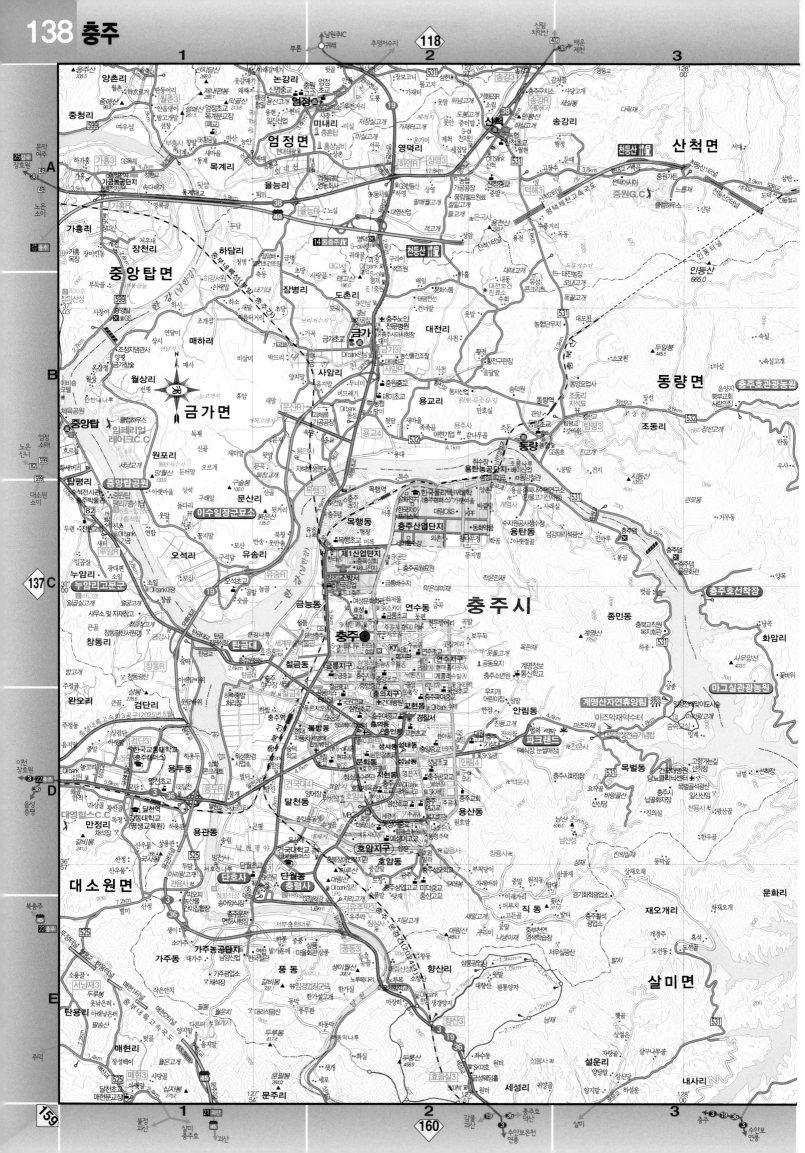

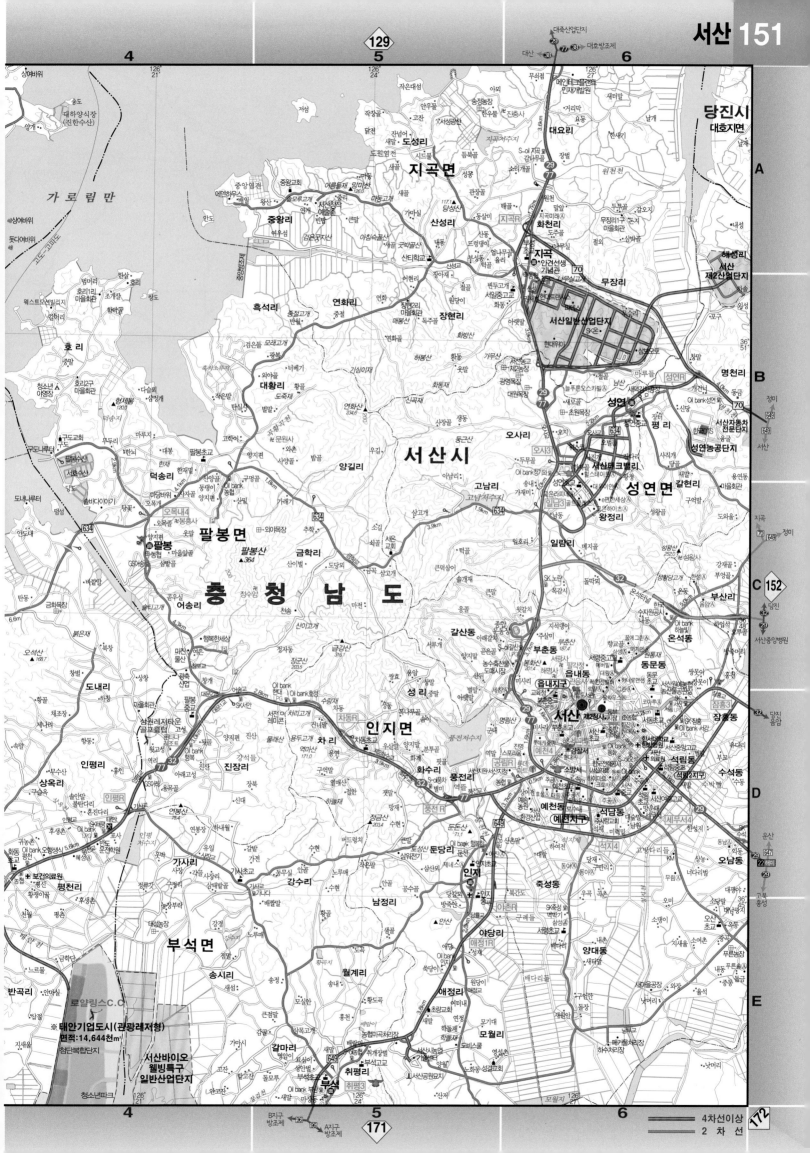

가로림만

당진시
대호지면

지곡면

서산시

충청남도

성연면

팔봉면

인지면

부석면

※태안기업도시(관광레저청)
면적:14,644천㎡
첨단복합단지

서산바이오
웰빙특구
일반산업단지

4차선이상
2 차 선

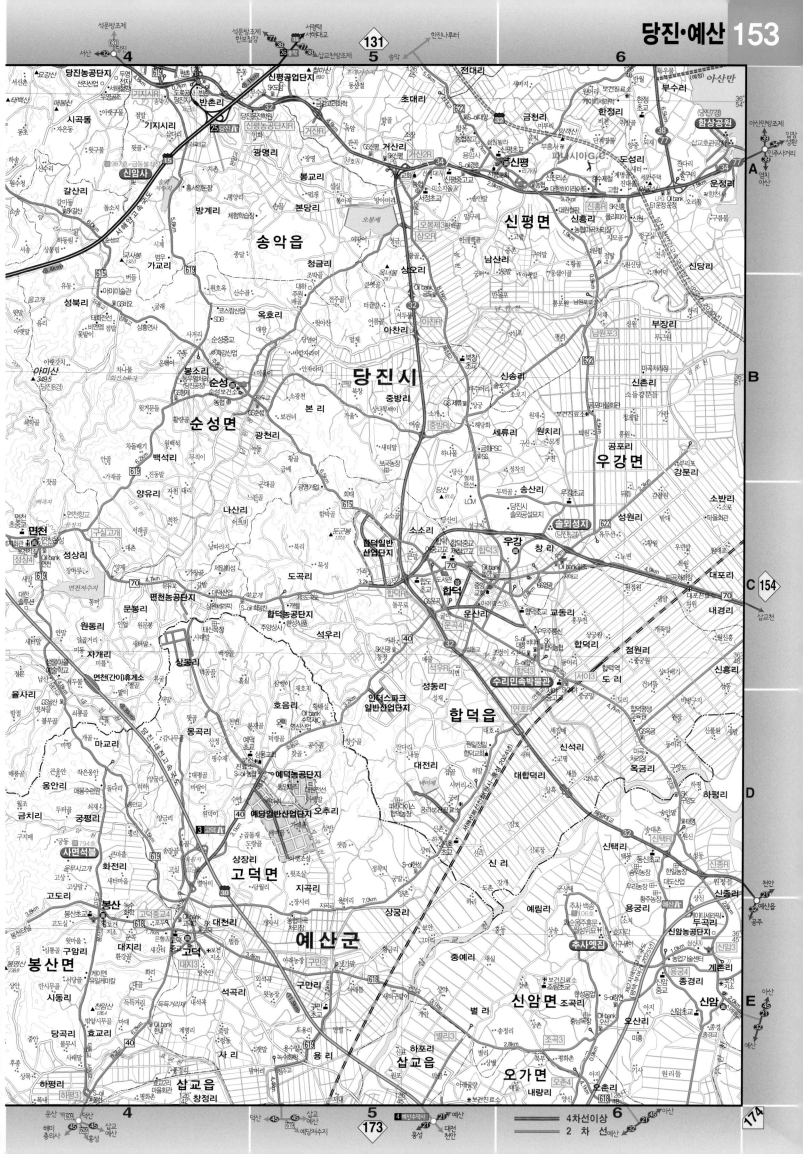

송악읍

신평면

우강면

순성면

당진시

합덕읍

면천

고덕면

예산군

봉산면

삽교읍

신암면

오가면

삽교천

■ 4차선이상
── 2차선

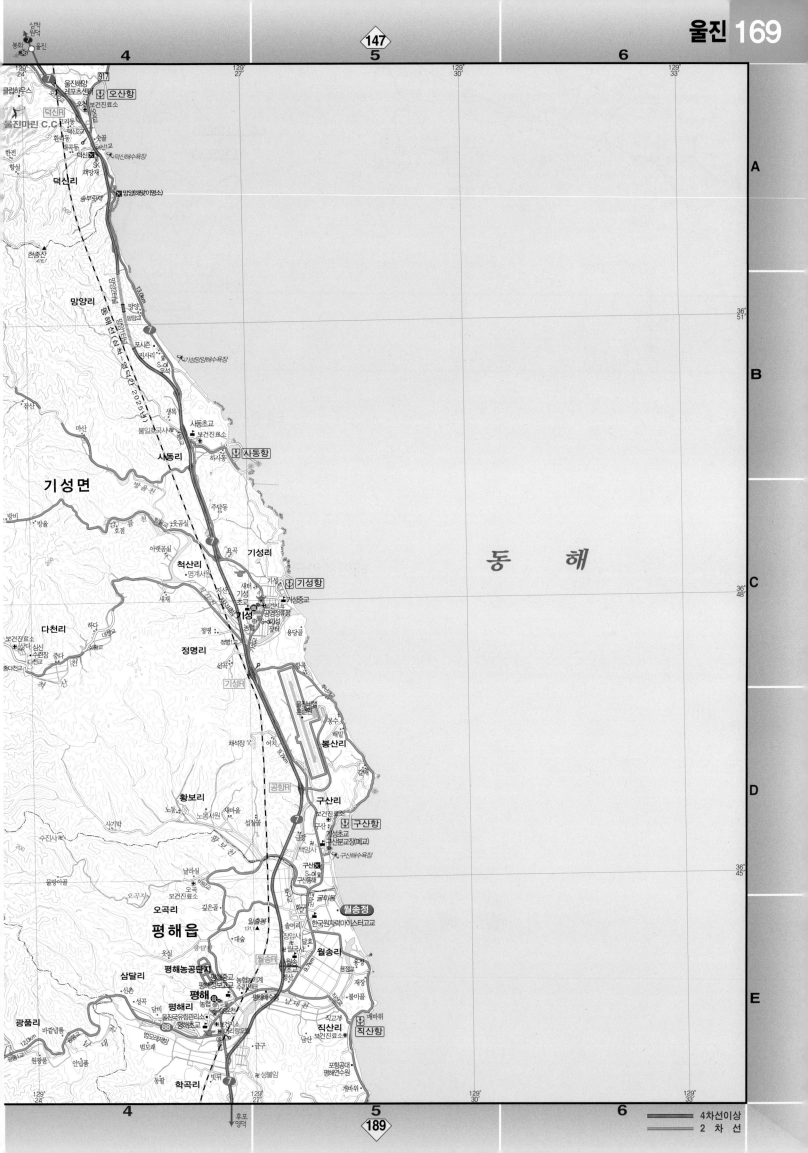

동 해

기성면

평해읍

덕신리
망양리
사동리
척산리
기성리
다천리
정명리
황보리
봉산리
구산리
오곡리
월송리
삼달리
평해리
직산리
학곡리
광품리

울진해양
레포츠센터
오산항
보건진료소
덕신해수욕장
망양(해맞이캠프)
기성망양해수욕장
사동항
기성항
구산항
월송정
직산항

4차선이상
2 차 선

4 · 5 151 5 · 6

대산 29 77 23 서산
태안 32 77 32
29 22 해미

차부3
소다리
부석 Oil bank
부석중교
사양산리
대두리 649
태봉정 도비산 351.6
대리 동사
초남
부석사
산동리
동막
인지면
해미면 석포리
신정리
가좌
고정

태안읍

※태안기업도시(관광레저형)
면적:14,644천m²

수개골
승지골
지파동
별막운지

봉락리
칠전리
철전3
금곡
노라포

고잠
구억말
도요동

어치기

지산교회
지산리
방교
문방이
번어지

고북면

부남호

마룡저수지

부석면
동미
문간다리

서산시

갈산면

당암리
마당구지
당산

서산농장B지구

용구녕
649
현대서산
영농사업소
장리교회
원점
창리
장리R
Oil bank 서해안
서산버드랜드
서산농장B지구

96

충 청 남 도

5.5km

당암포구
간월호쉼터공원
토끼섬
계도 돌 PG
SK간월
96
간월영농R
간월도리
간월도
간월R
철새도래지
간월호

172

진보광수산
당암리
거북바위
우포나루터

황도
황도리
해돋이풍경
황도초교
카리브
물디브
놀섬

부석초교
간월부교장
담배골
남문토방
어리굴젓기념탑

간월도선착장

간월암

서산AB지구방조제
4.3km

하리R
궁리R
해미
29 21 홍성
40
당고개
산막골 세징매

96
사태밭
구억말
너분덜

김월수산
황도나루터
은거지

궁리항
죽도
풍섬
동섬
원다골
원댐
궁리
부엉재산 150.2

홍성군
속동전망대

서부면
상황리

거차리

치진골망산
불무골
중앙교회
연못개
채우미

논골
은골

삼우염전
물팡내미

풍섬곡

77

창기리
창기3
연도교회
동양염전

안면읍

달걀섬
꽃피는절
가락금
조구널

안면암

천 수 만

오선판타지호텔

김두한기념관

연새골
진굴
송촌3
송촌교회
산중말
어사리
어사교R
인흥동3

정당리
밤나무골
발학골
탑골

안면도
안면초교
승인3지구

장곡동원
희문
포태산
금양동산

승언리
에버그린

40
남당항

넉섬
여우섬
명덕도
오가도

남당리
새골
꽃섬

192

191

━━ 4차선이상
━━ 2차선

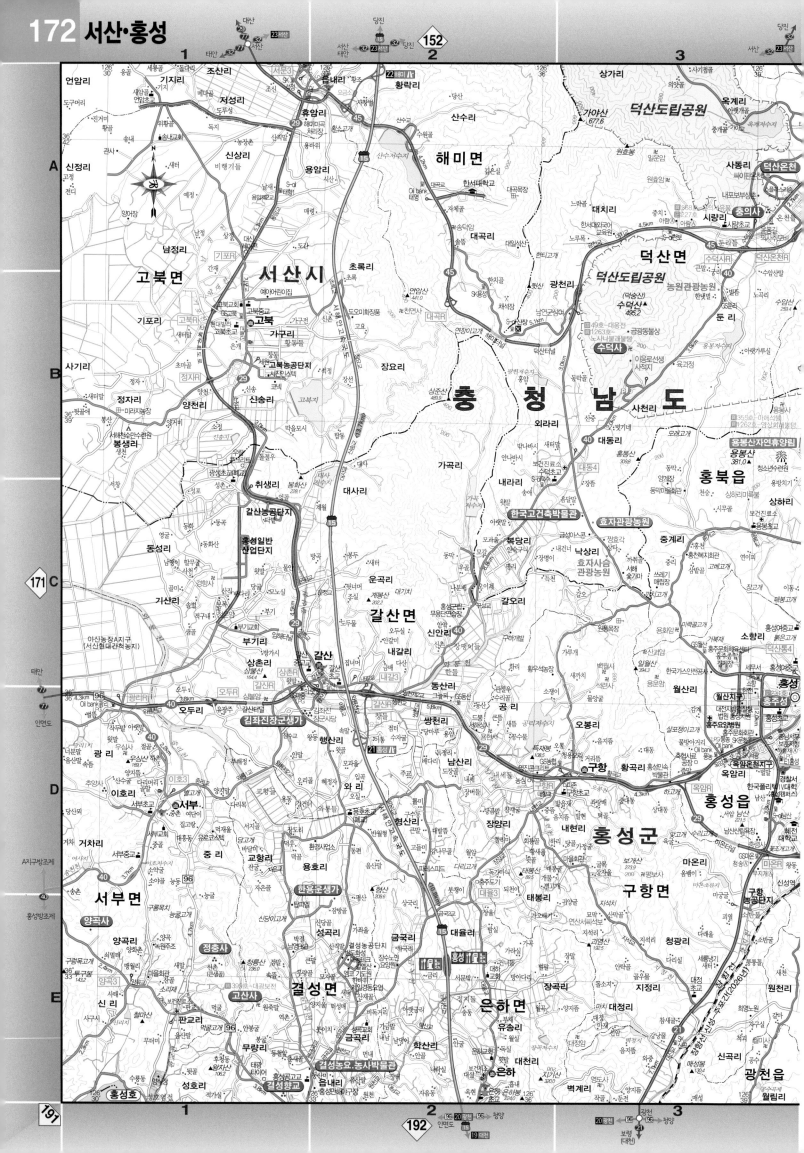

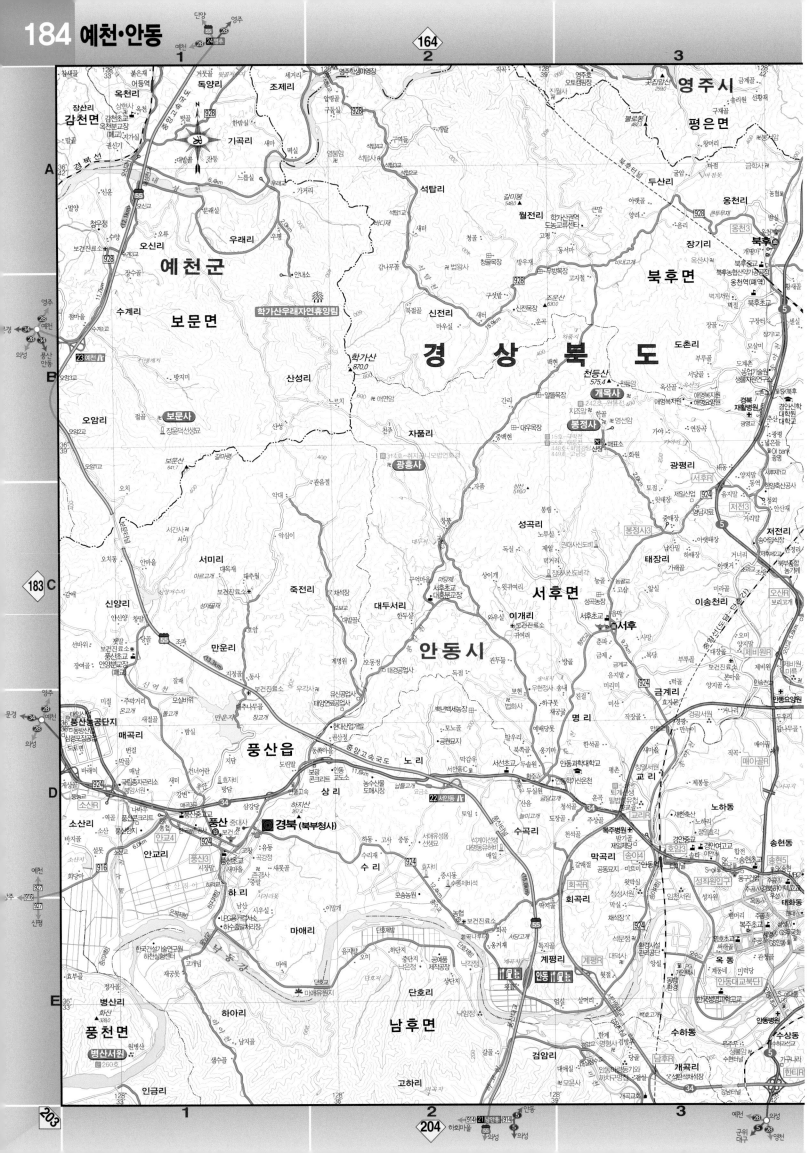

186

4차선이상
2 차 선

206

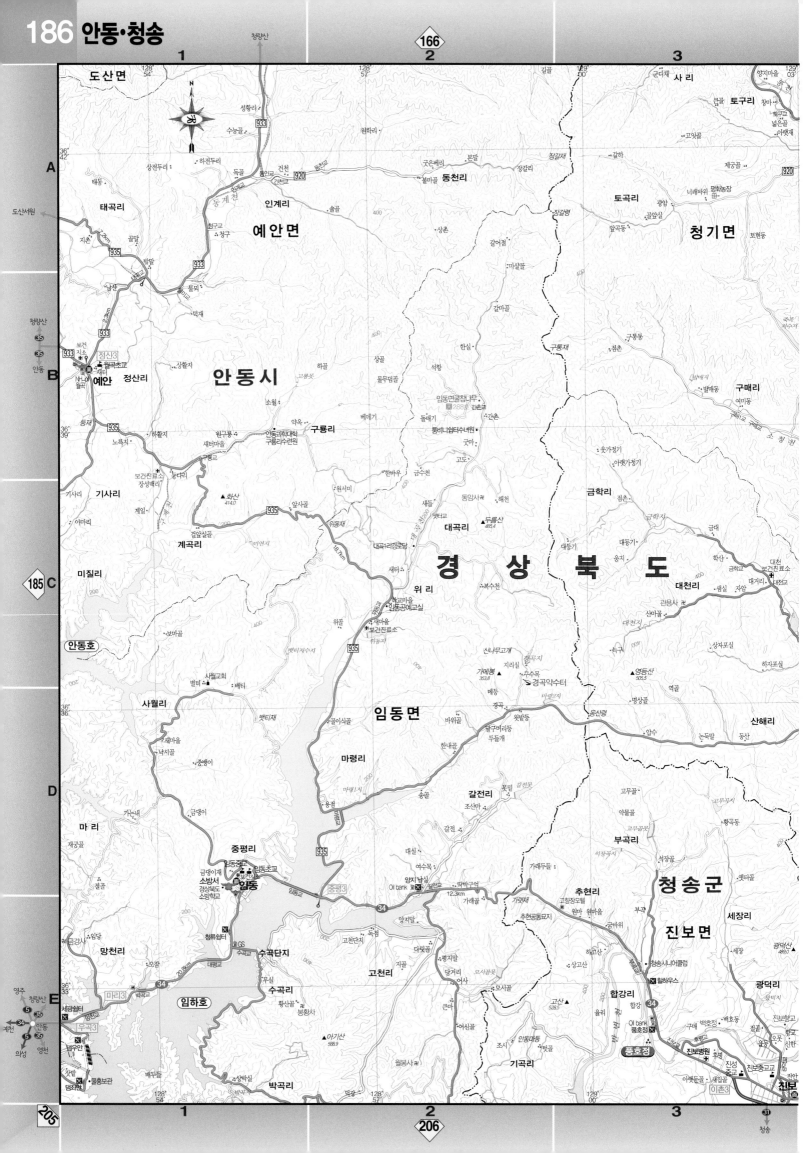

166
185 C
205
206

예안면
청기면
안동시
경 상 북 도
임동면
청송군
진보면

도산면
태곡리
인계리
동천리
토곡리
정산리
구룡리
금학리
대곡리
대천리
기사리
계곡리
위리
사월리
마령리
갈전리
부곡리
산해리
추현리
중평리
임동
고천리
수곡리
망천·청송
기곡리
광덕리
세장리
합강리
진보

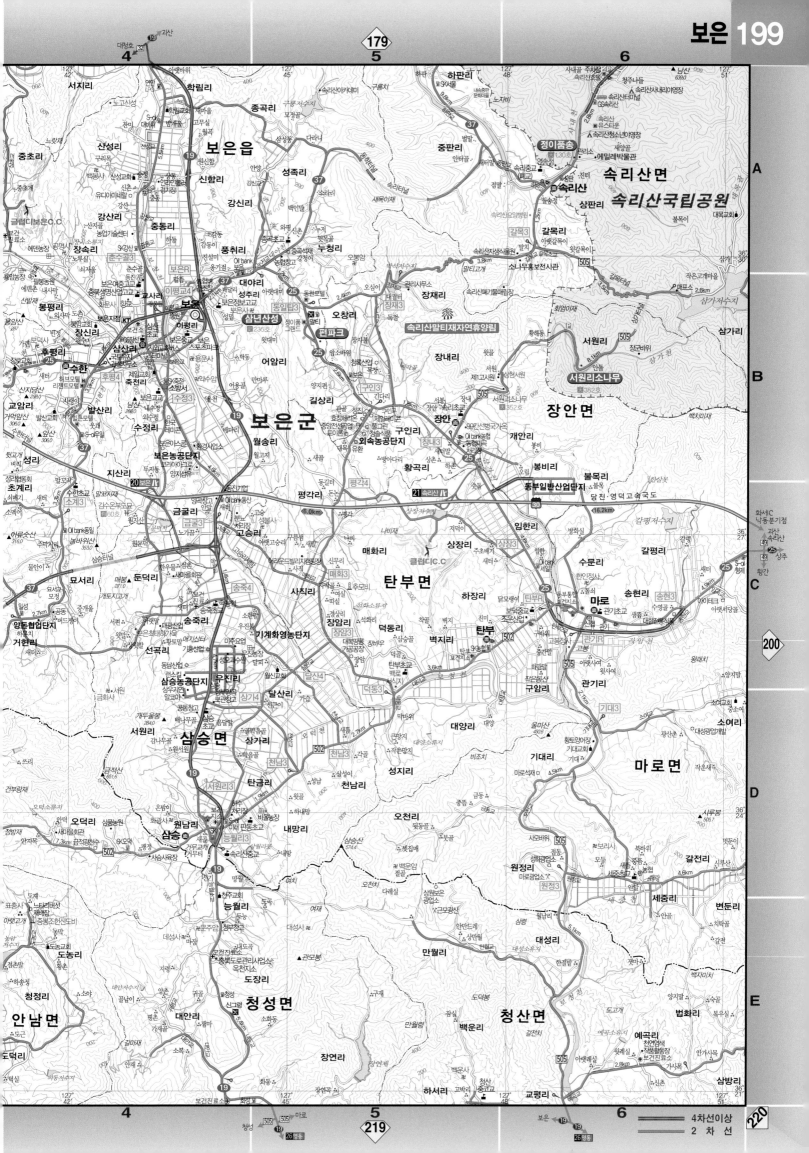

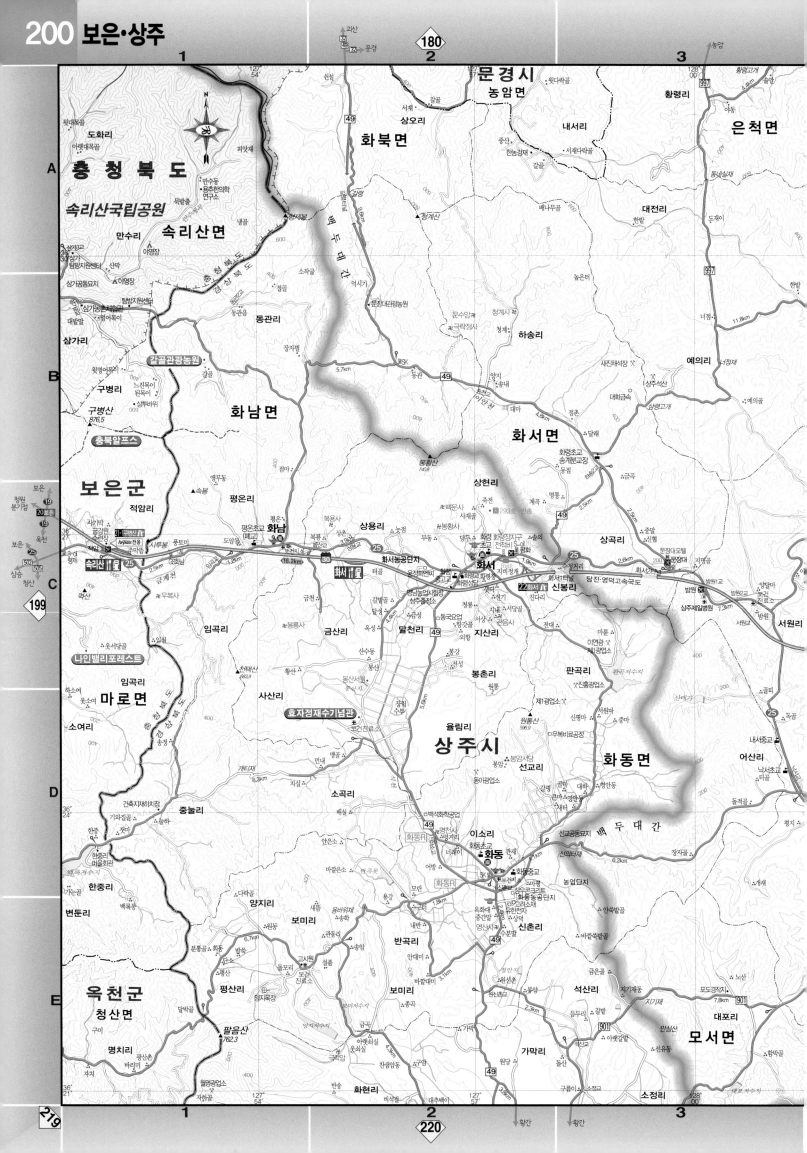

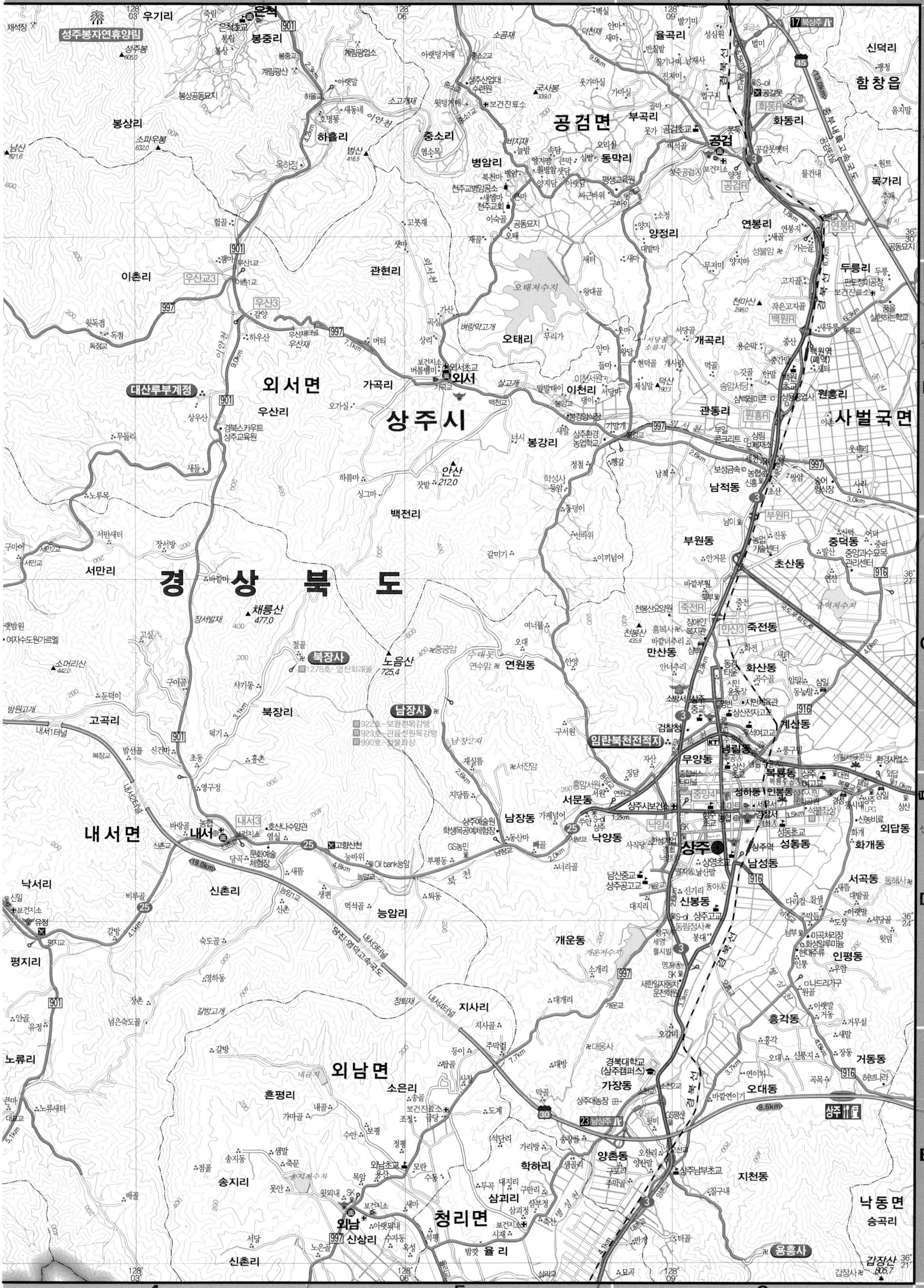

181
202
221
222
경 상 북 도
상 주 시
공검면
외서면
내서면
외남면
청리면
사벌국면
함창읍
낙동면
상주
공검
외서
내서
외남
우기리
봉중리
은척
봉상리
하흘리
중소리
병암리
동막리
부곡리
율곡리
화동리
신덕리
목가리
두릉리
연봉리
양정리
관현리
이촌리
오태리
이천리
개곡리
원흥리
관동리
우산리
가곡리
봉강리
남적동
부원동
초산동
중덕동
백전리
서만리
만산동
죽전동
화산동
연원동
북장리
고곡리
계산동
냉림동
무양동
복룡동
서문동
성하동
인봉동
남장동
낙양동
성동동
외답동
화개동
남성동
서곡동
신촌리
능암리
신봉동
낙서리
평지리
개운동
인평동
지사리
흥각동
노류리
흔평리
소은리
가장동
오대동
거동동
양촌동
학하리
삼괴리
송지리
지천동
신상리
율 리
신촌리
승곡리
채릉산 477.0
노음산 725.4
천마산 298.0
갑장산 805.7
성주봉자연휴양림
대산루부계정
북장사
남장사
임란북천전적지
용흥사
오태저수지
경북대학교 (상주캠퍼스)
3
25
30
45
901
916
997
4
5
6
A
B
C
D
E

4차선이상
2 차 선

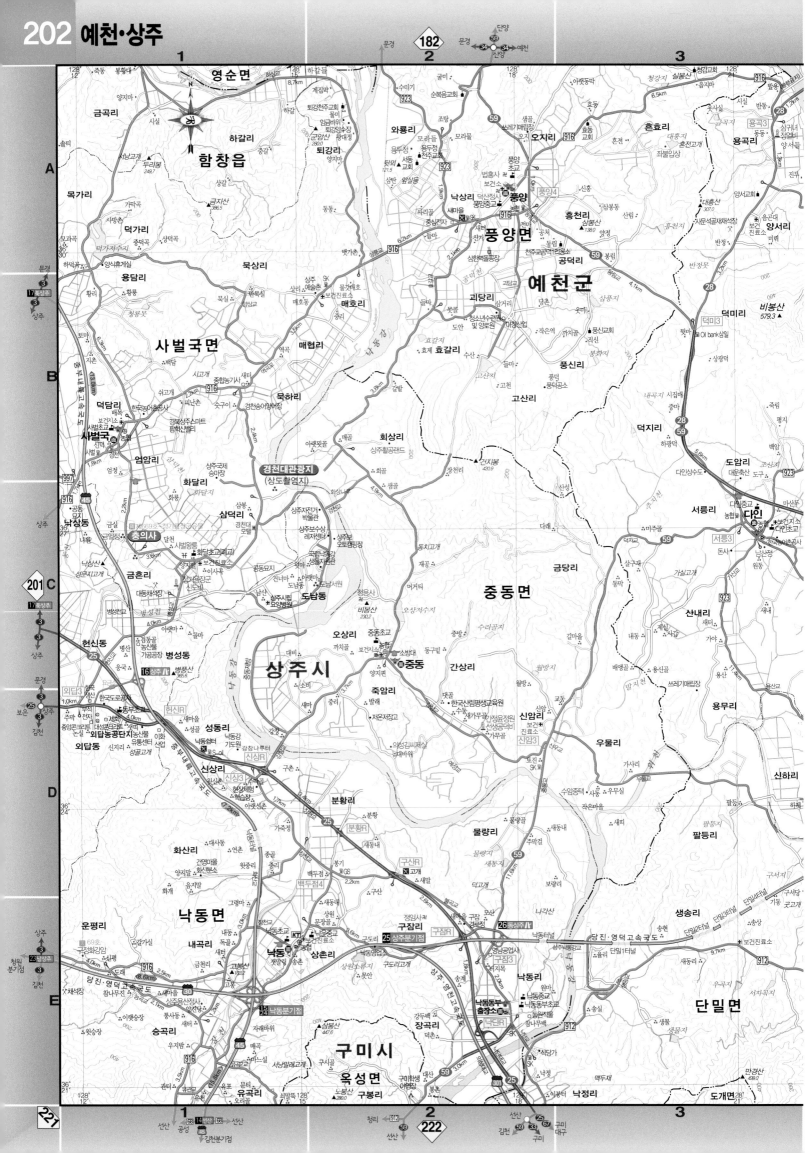

경 상 북 도

예천군
지보면
의성군
다인면
안동시
풍천면
신평면
안사면
안계면
단북면
구천면
안평면
비안면

도화리
도장리
지보리
쌍호리
월소리
신수리
신성리
구호리
광덕리
청운리
중율리
봉정리
달제리
신락리
효제리
외정리
삼분리
양곡리
만리
안사리
검곡리
금곡리
중하리
도덕리
시안리
정안리
단북
이연리
노연리
용기리
위양리
봉양리
자락리
산제리
외곡리
속암리
서제리
단밀
주선리
위중리
내산리
미천리
유산리
용남리
토매리
위성리
구천
안정리
교촌리

대곡사
의성

4차선이상
2 차 선

경 상 북 도

남 선 면

임 하 면

길 안 면

점 곡 면

단 촌 면

의 성 군

옥 산 면

사 곡 면

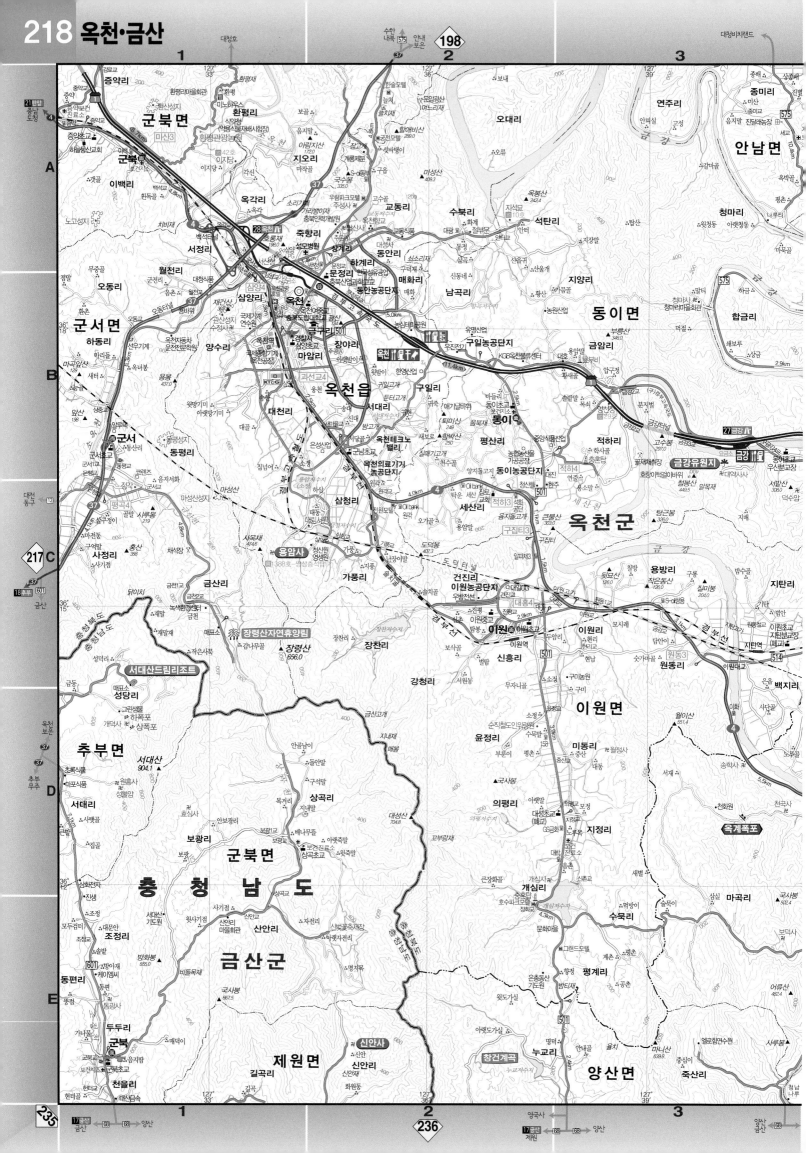

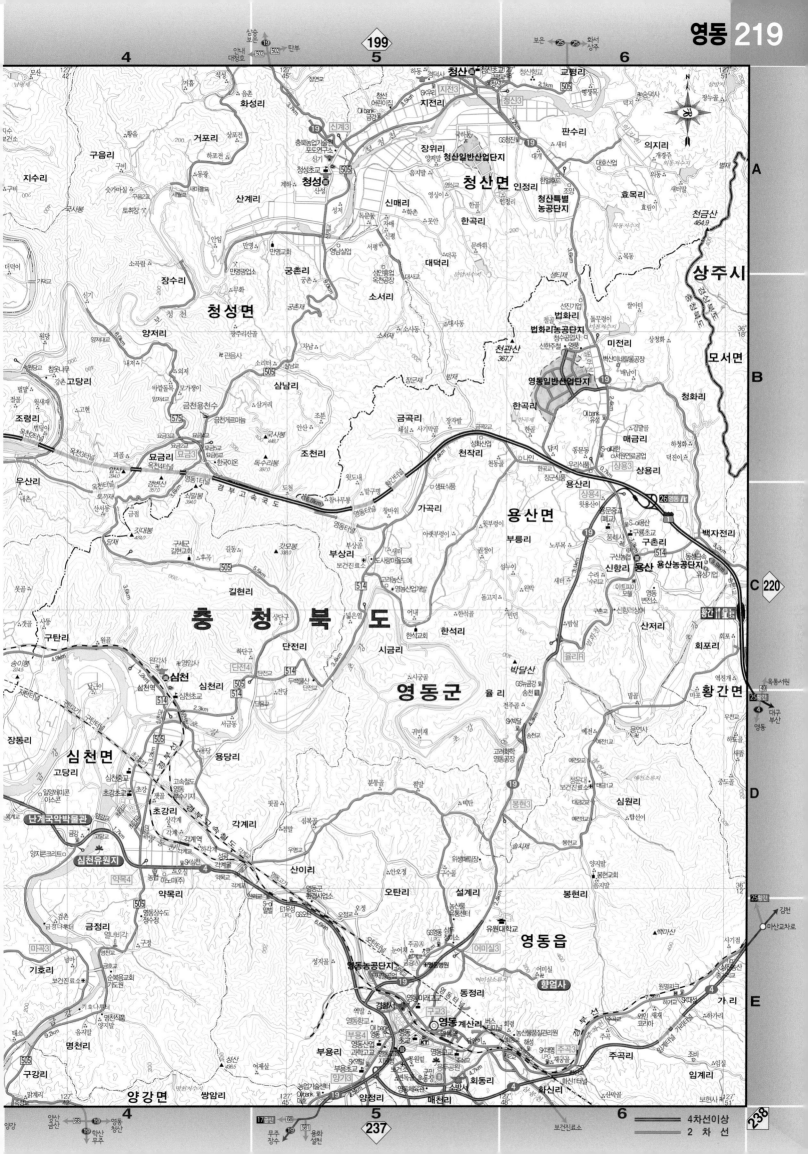

충청북도

청성면

심천면

양강면

영동군

영동읍

용산면

황간면

상주시

모서면

충청북도

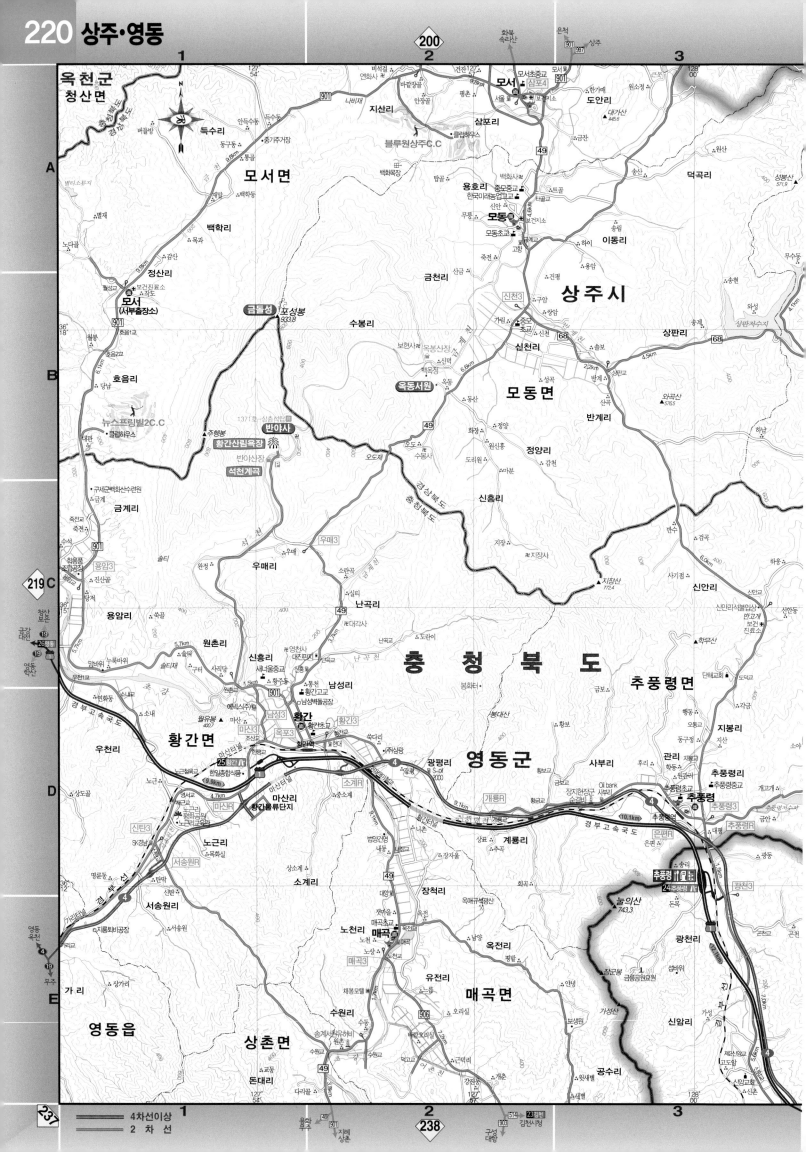

219 C
237
238
200

옥천군
청산면

모서면

모동면

상주시

충청북도

추풍령면

영동군

황간면

영동읍

상촌면

매곡면

━━━━ 4차선이상
──── 2차선

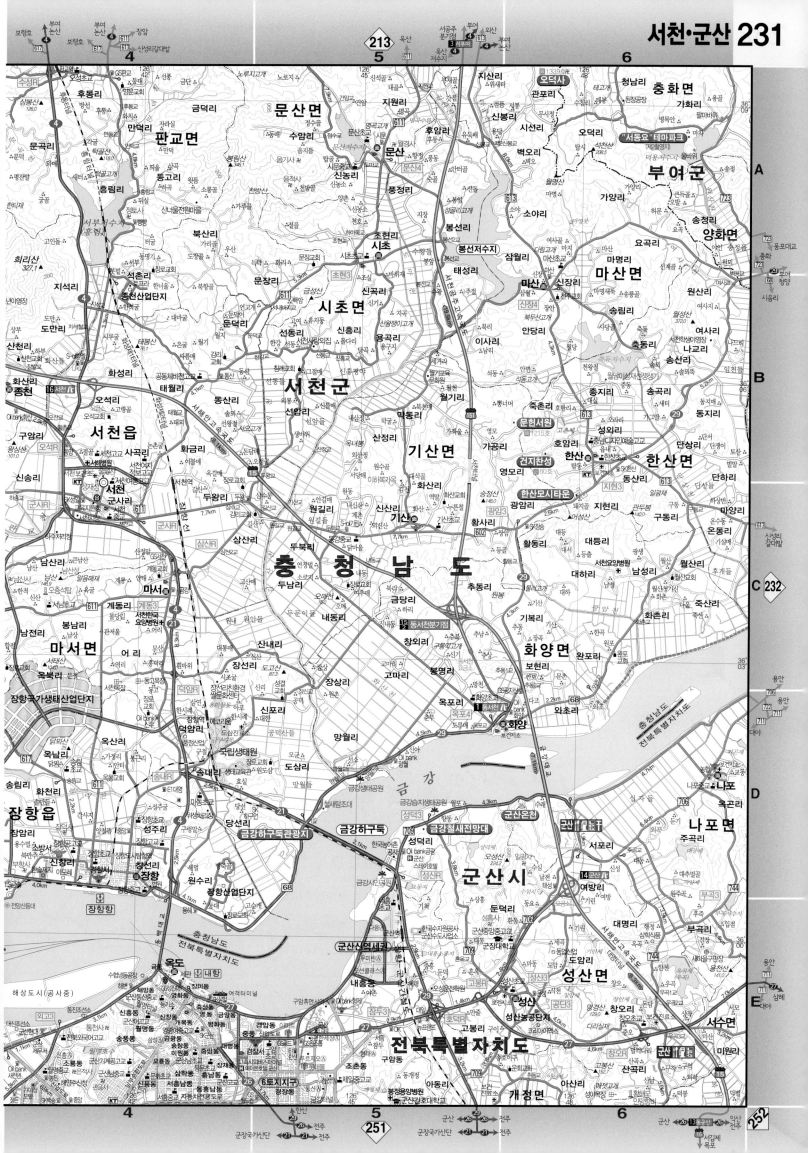

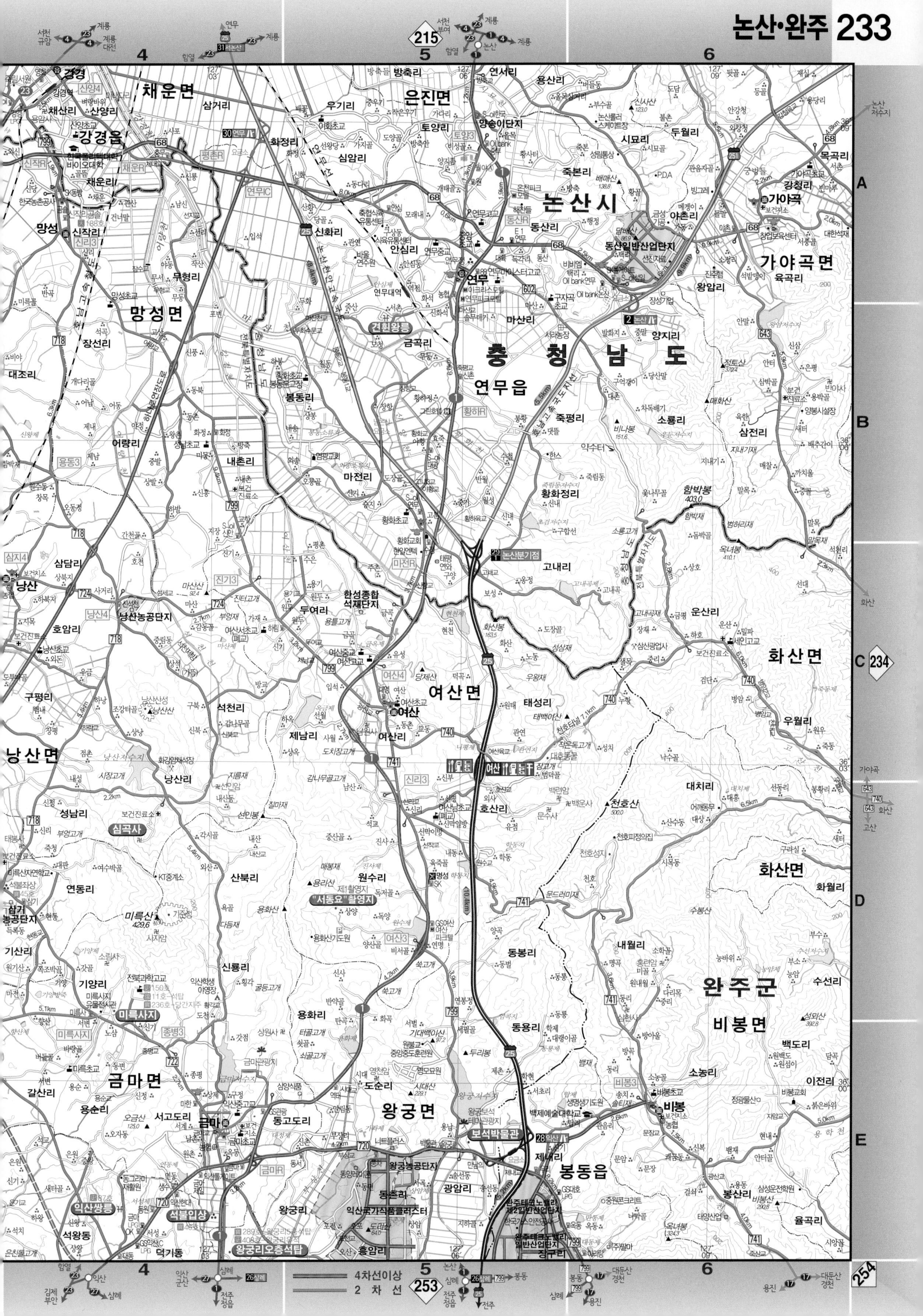

논산시
충청남도
완주군
채운면
은진면
강경읍
망성면
연무읍
가야곡면
여산면
화산면
낭산면
금마면
왕궁면
비봉면
봉동읍
동산일반산업단지
논산분기점
한성종합석재단지
낭산농공단지
삼기농공단지
왕궁농공단지
완주테크노밸리 제2일반산업단지
완주테크노밸리 일반산업단지
보석박물관
견훤왕릉
익산쌍릉
미륵사지
석불입상
왕궁리오층석탑
심곡사
"서동요"촬영지
함박봉
천호산
미륵산
4차선이상
2 차 선
215
253
234
254

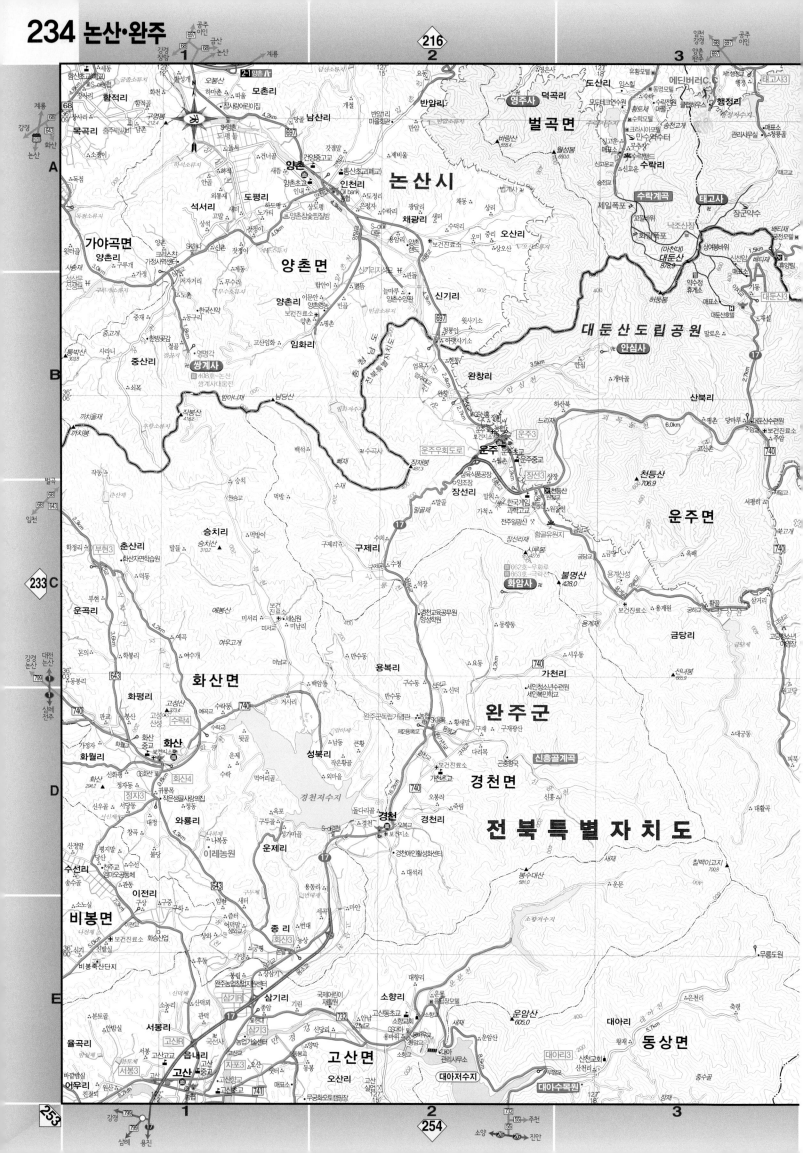

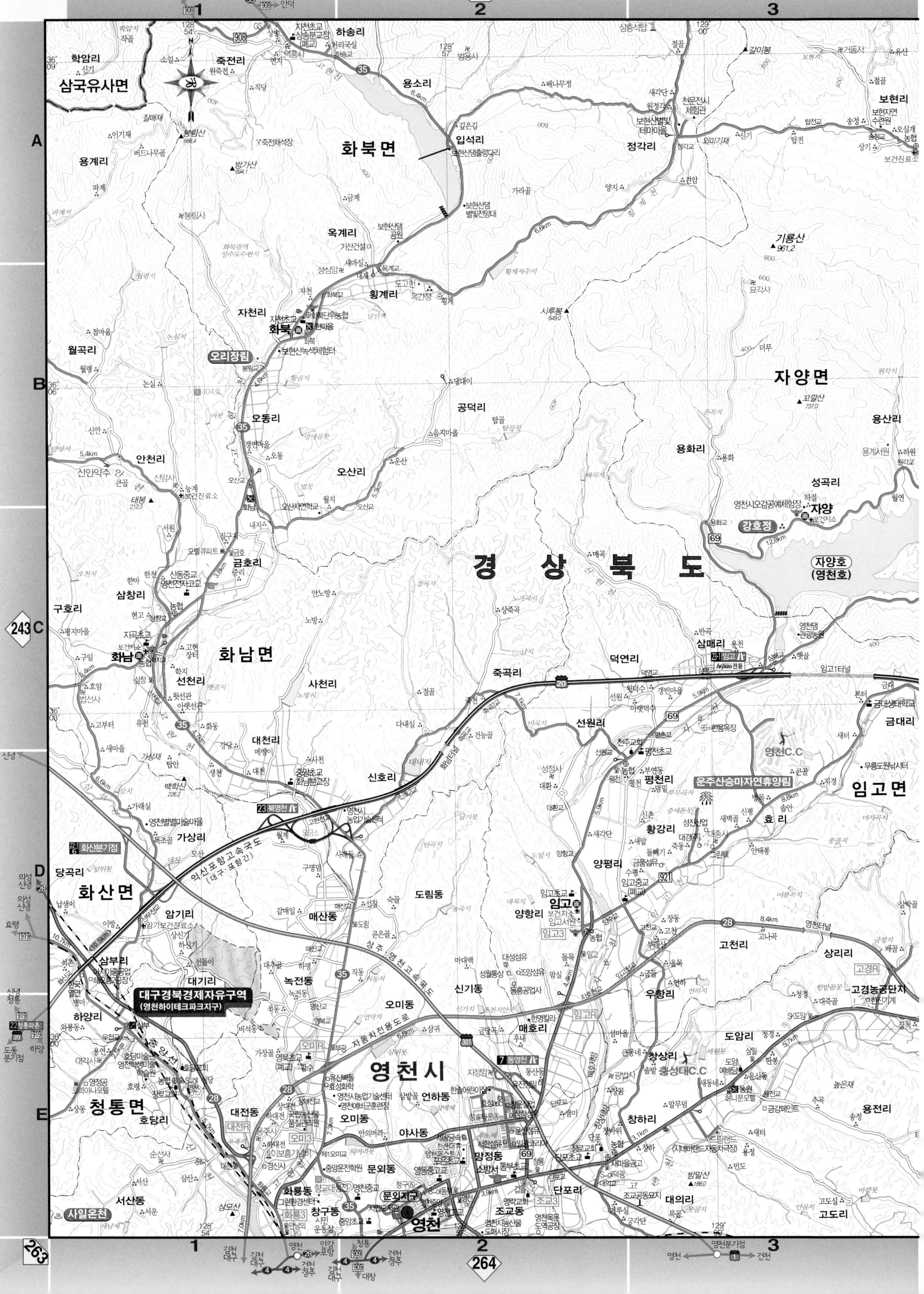

226

삼국유사면

화북면

화남면

화산면

청통면

자양면

임고면

경 상 북 도

영천시

자양호
(영천호)

대구경북경제자유구역
(영천하이테크파크지구)

운주산승마자연휴양림

사일온천

기룡산
961.2

영천C.C

충성대C.C

경상북도

포항시

경주시

신광면

기북면

기계면

흥해읍

북구

남구

연일읍

안강읍

강동면

청하면

법광사

영일민속박물관

천곡사

양동민속마을

대구경북경제자유구역
(포항융합기술산업지구)

포항

탑정리 상읍리 사정리 덕성리 덕장리 청하면 신흥리
미현리 신광 토성리 호리 용곡리 용전리 학성리 망천리
기동 죽성리 용연저수지 흥해서부초교 북송리 마산리 중성리
당골 신광면 송동 매산리 옥성리 흥해남옥지구 남성리
화봉교 흥곡리 초곡지구 성곡리 장성동
안태봉 냉수리 초곡 이인지구 창포동
화대리 용산 학천리 홍화공업 이인리 우현지구 두호동
기계 서포항 도음산 포항공원묘원 덕성공동묘지 대신동
내단리 단구리 대련리 연화리 항구동
현내리 다산리 대련 동빈동
성계리 익산포항고속국도(대구·포항간) 학전 포항
노당리 달전리 학전리 지곡단지 이동지구
안계리 자명리 지곡동 대잠지구
양동리 유금리 효자동 상도동
안강읍 위덕대학교 효자지구 연일읍
양월리 강동면 유강리 괴정리
산대리 안강 강동 유강IC 형산IC 인주리 대송
근계리 인동리 중명리 택전리
갑산리 부조역 국당리 남성리
마미산 안강농공단지 호명리 오금리 왕신리 옥녀봉

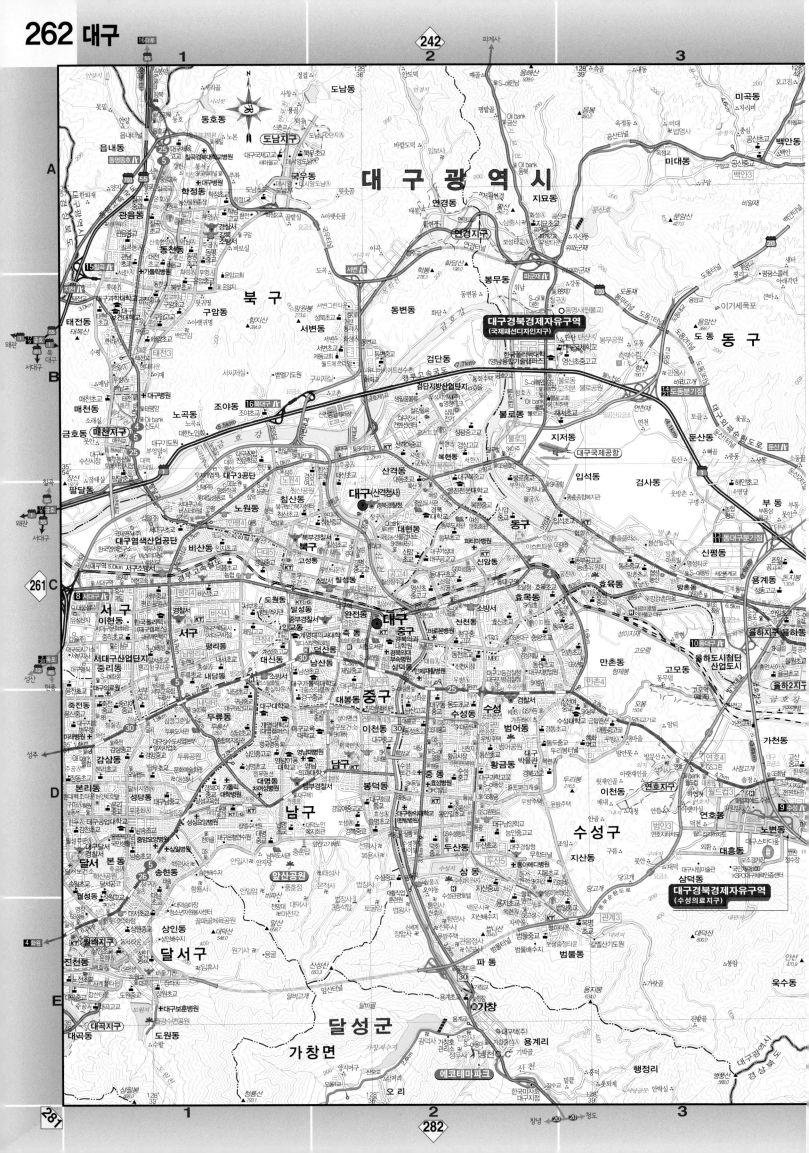

243

남 천 면

284

4차선이상
2차선

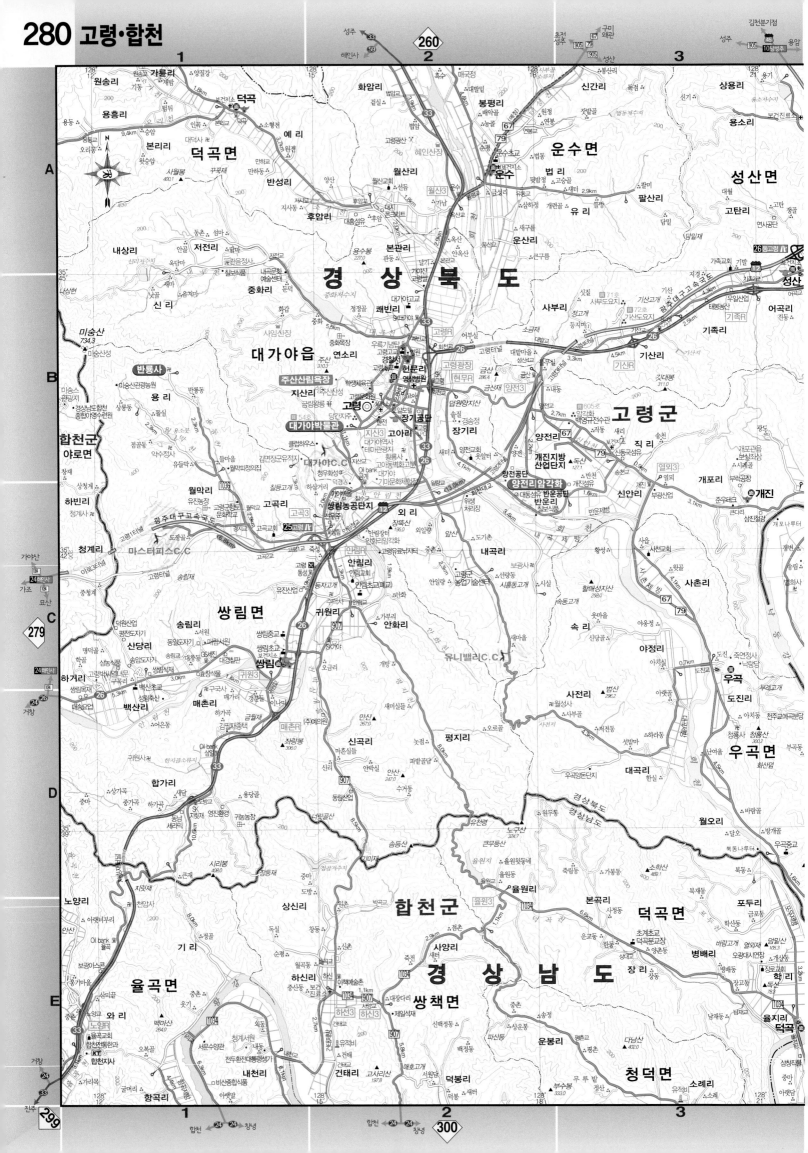

282

302

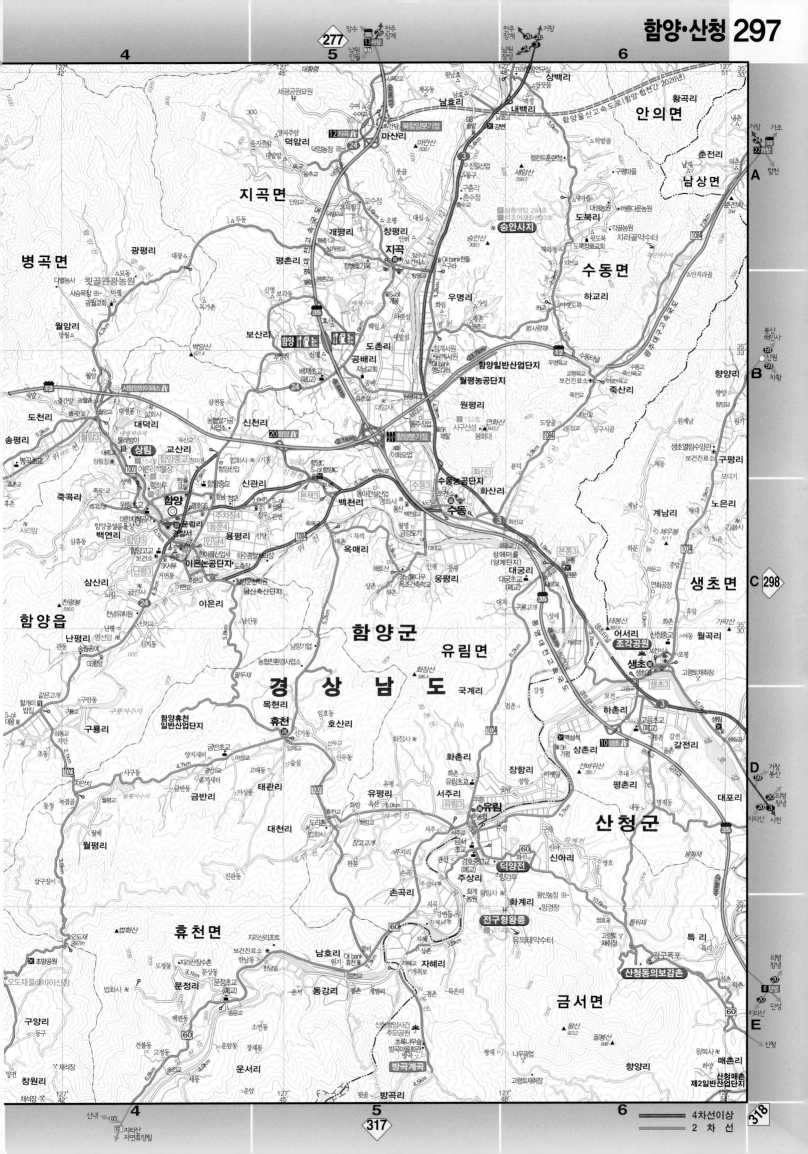

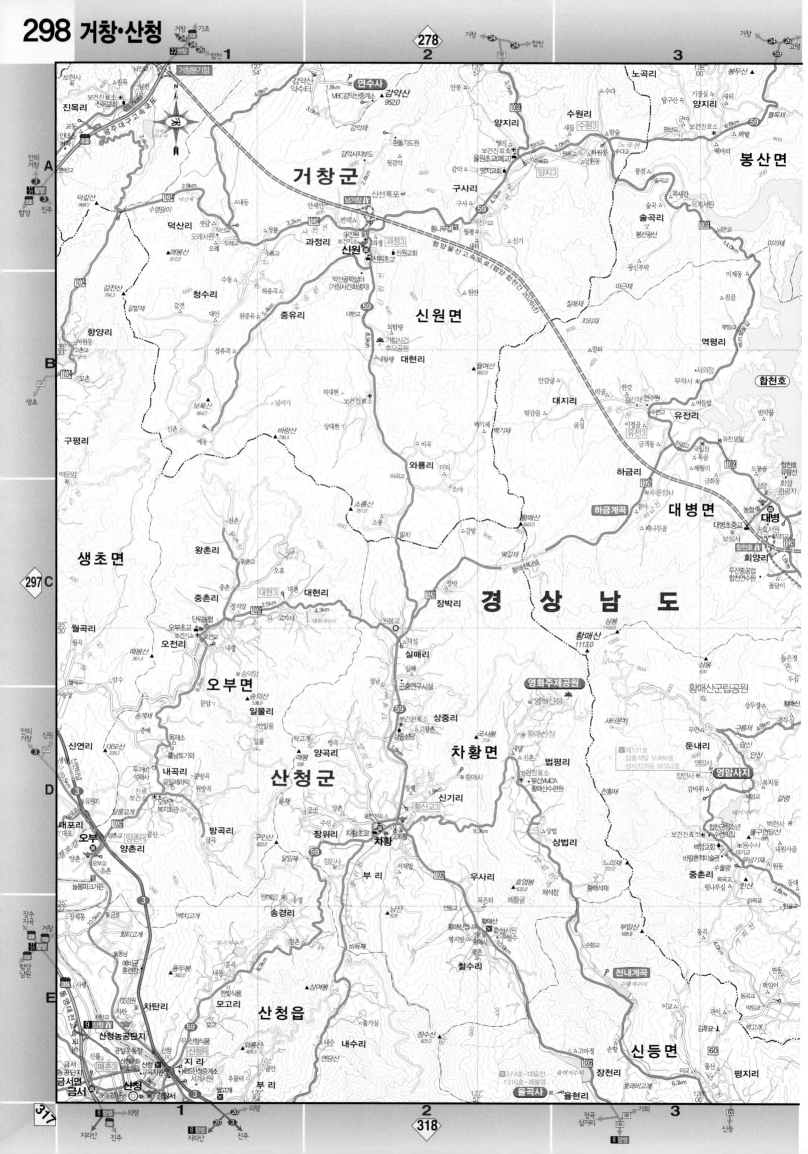

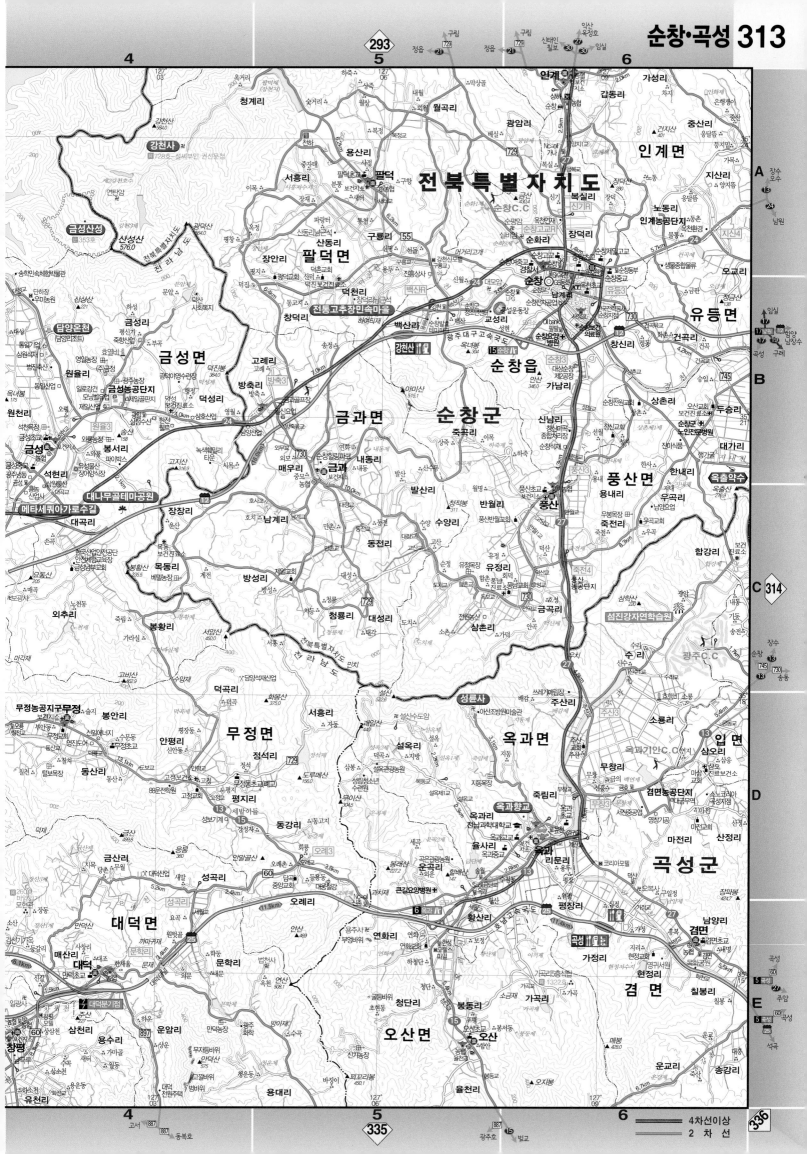

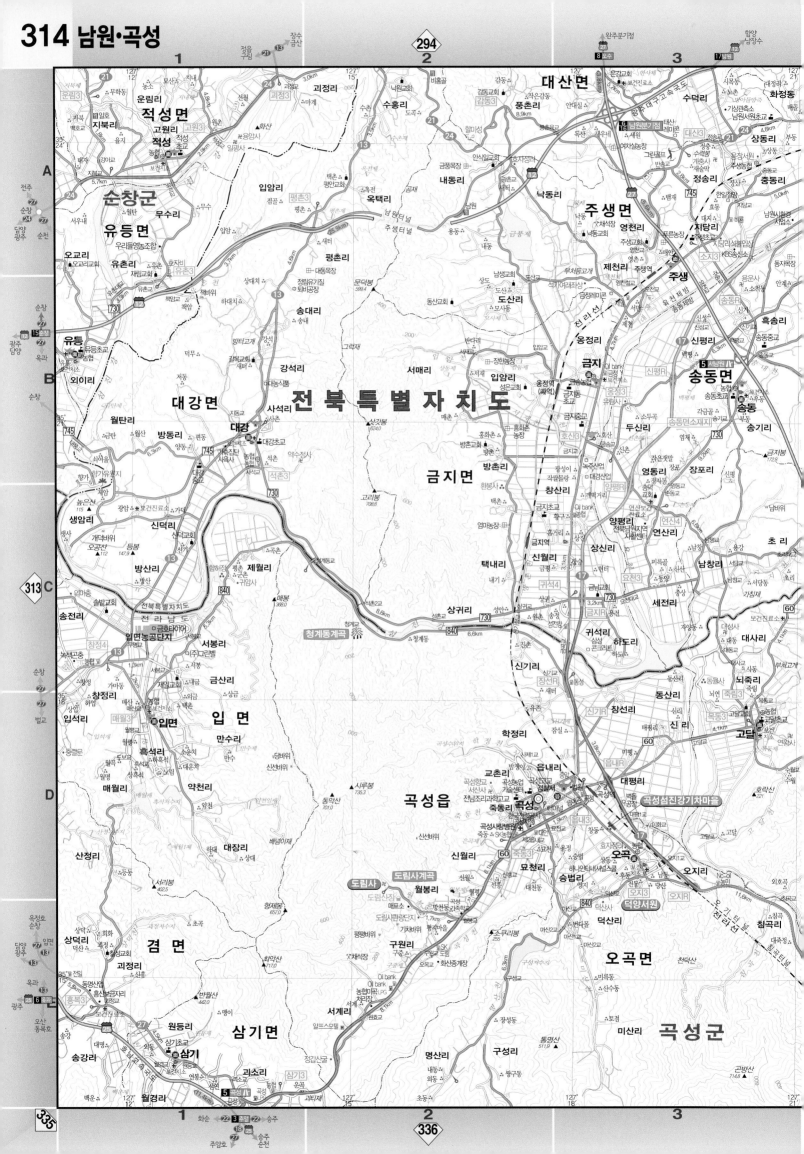

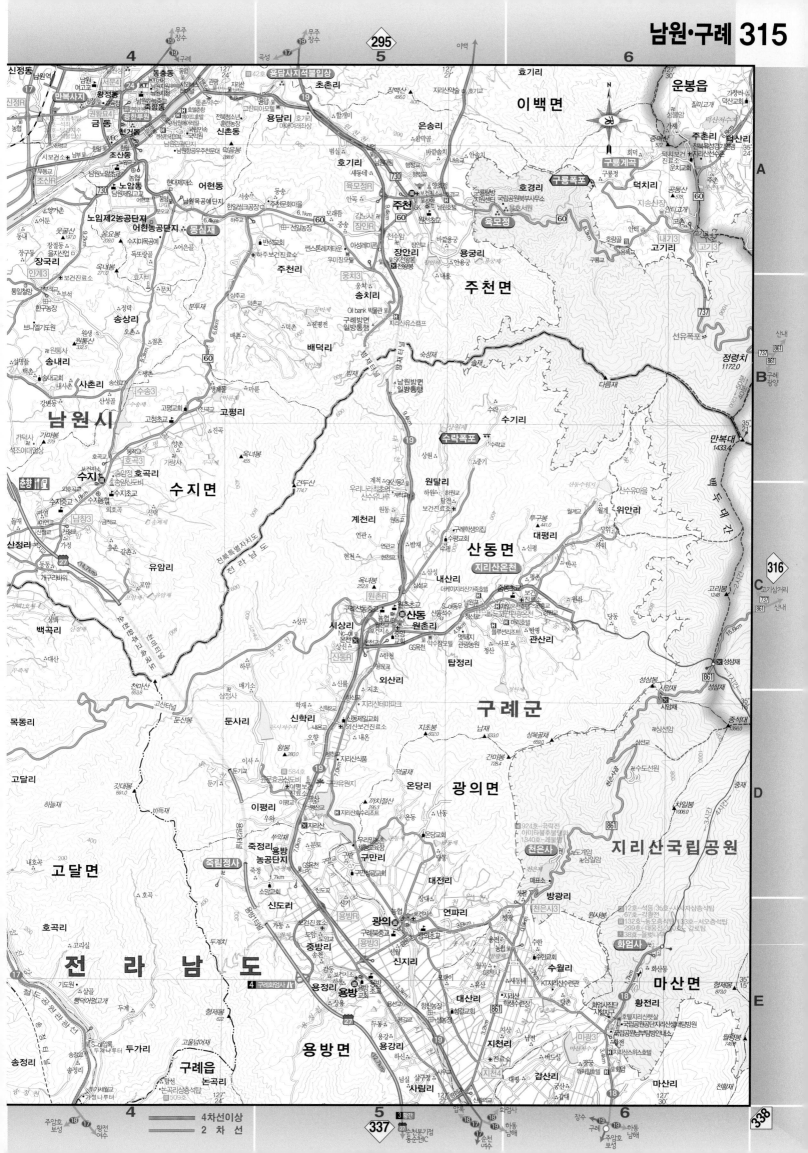

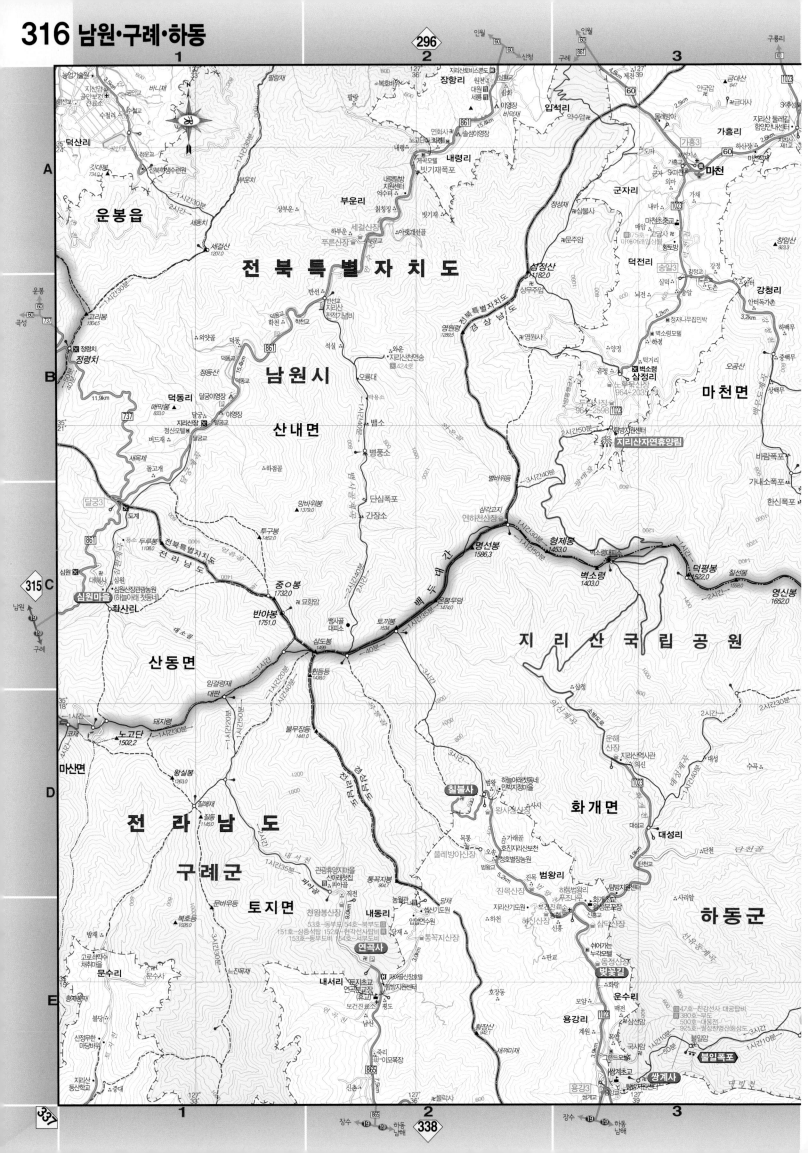

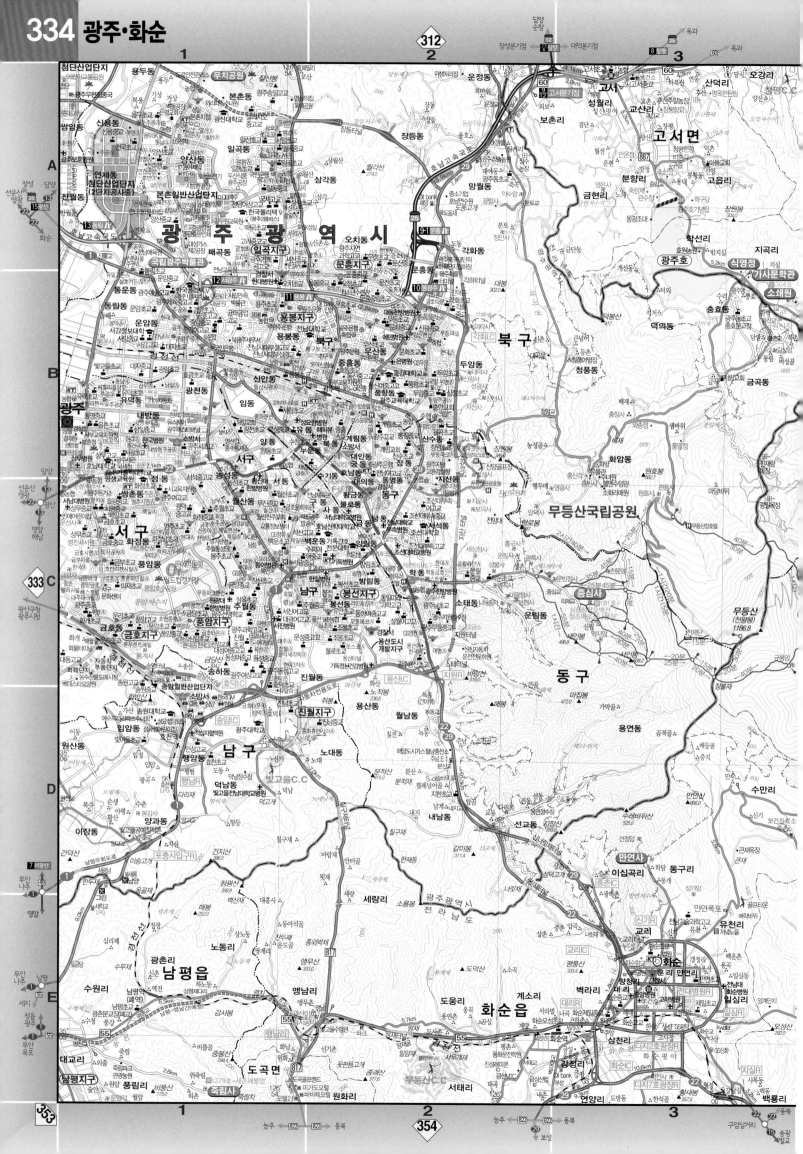

전 라 남 도

신 안 군

증도면

자은면

암태면

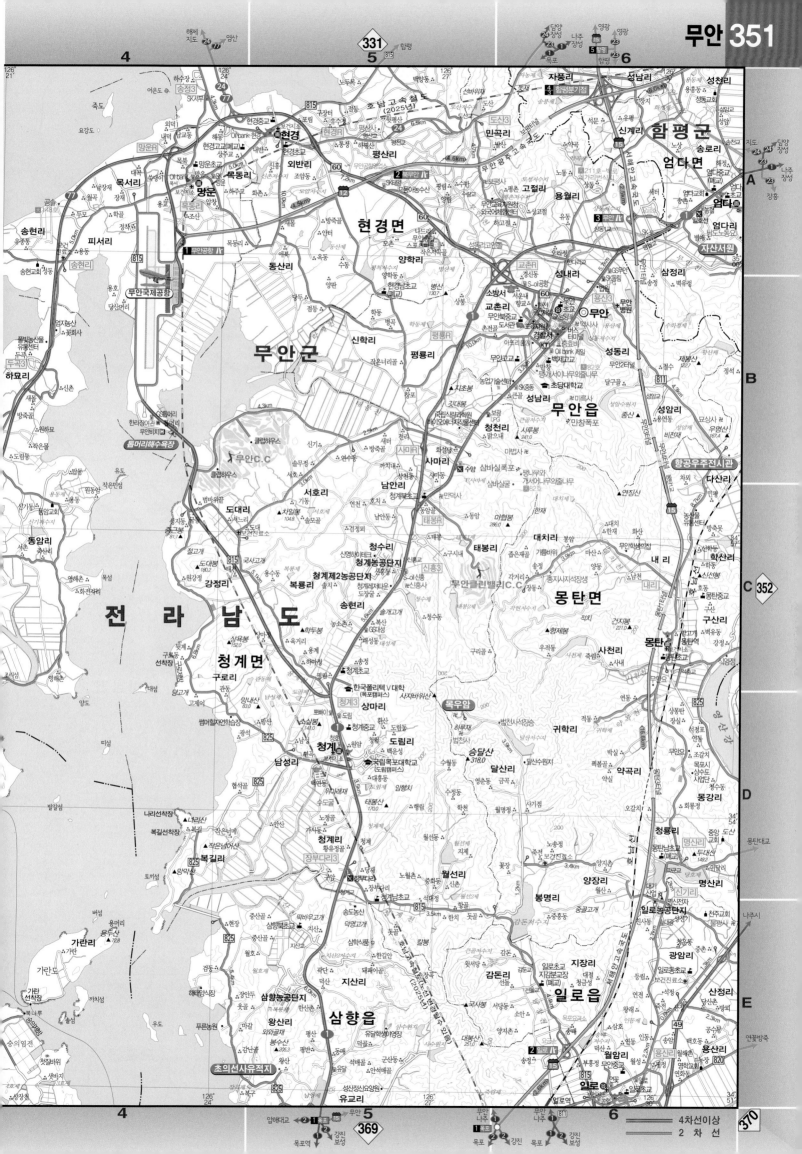

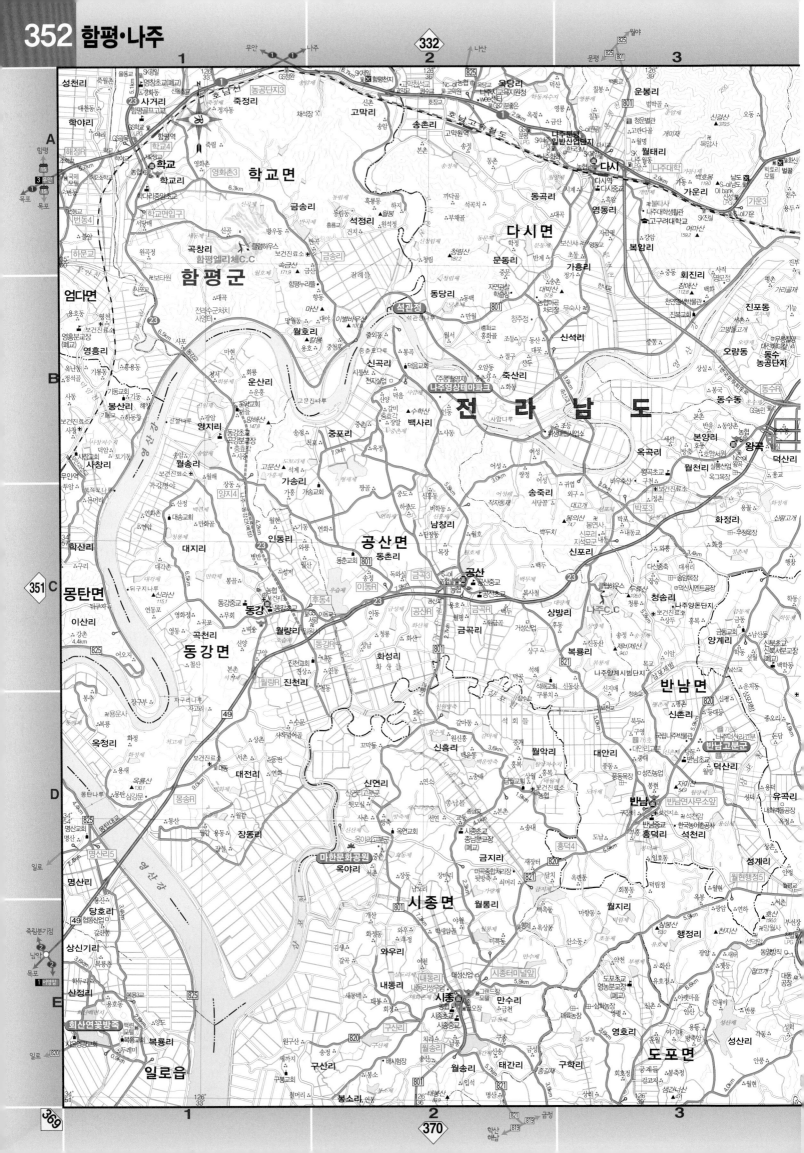

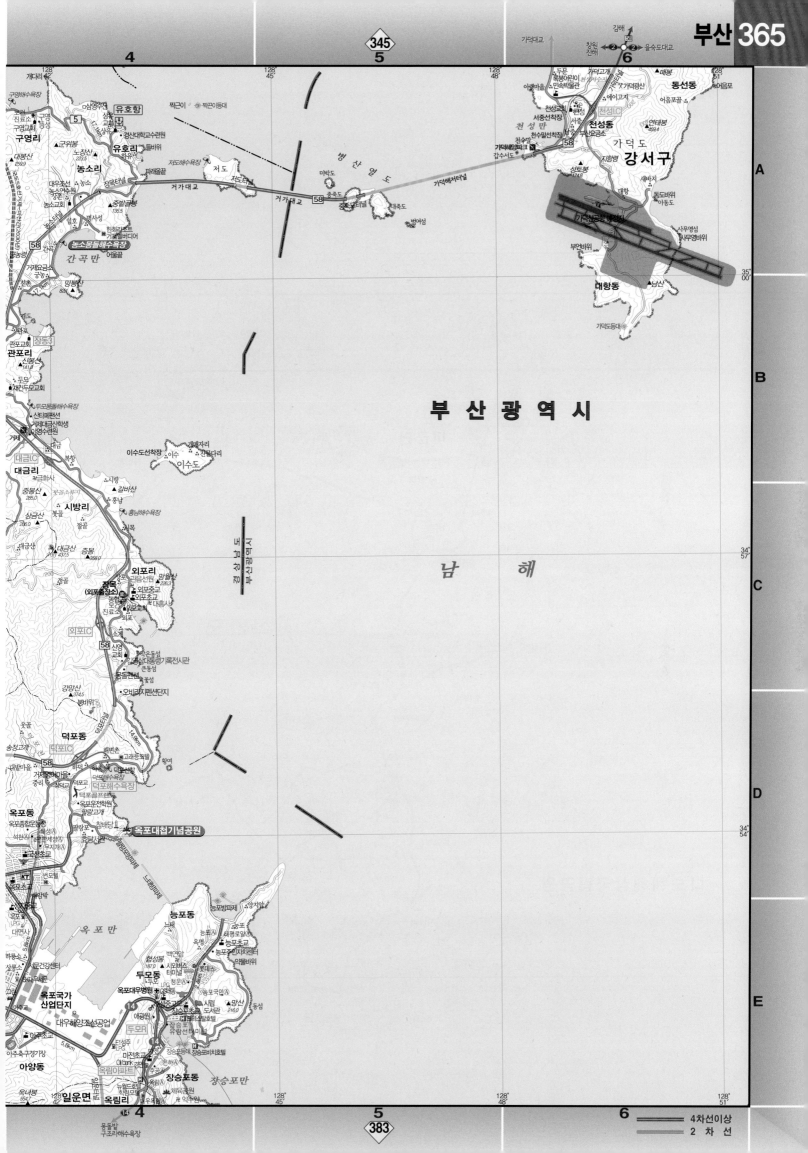

부산광역시

남해

강서구

가덕도

옥포만

장승포만

옥포대첩기념공원

농소몽돌해수욕장

간곡만

4차선이상
2 차 선

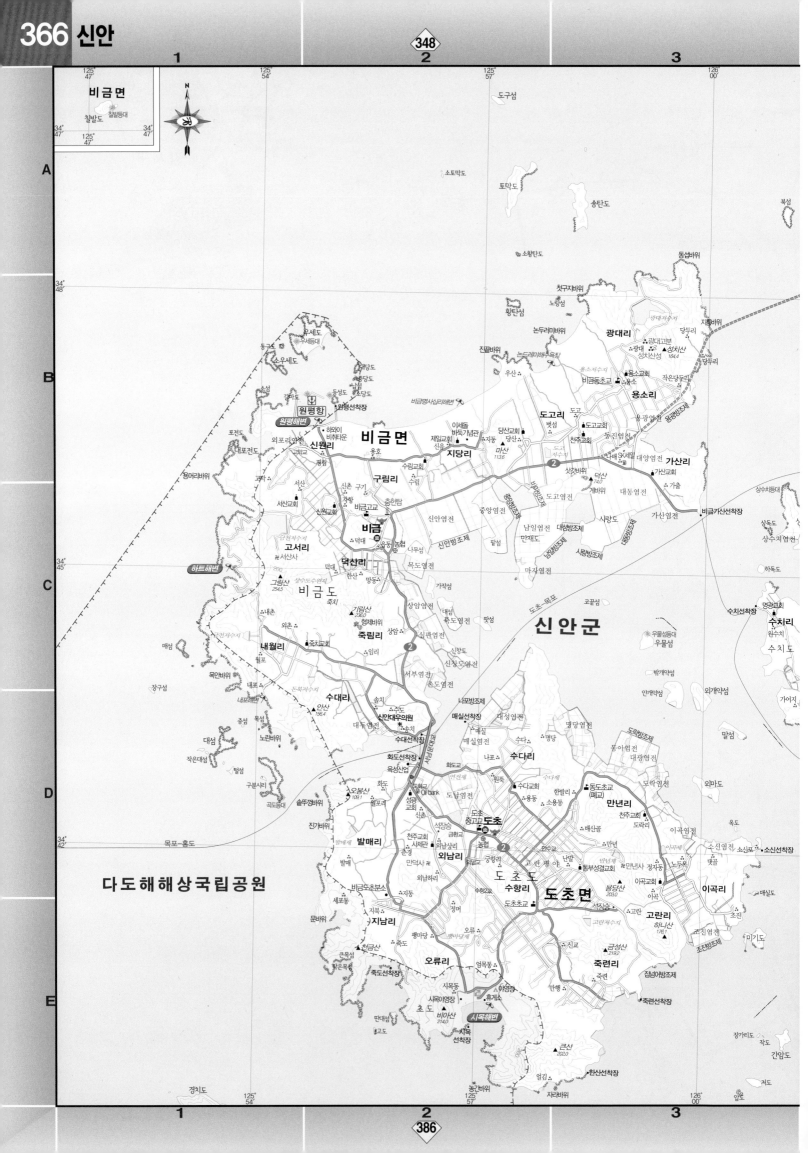

자은

4 5 6

126° 03'
126° 06'
126° 09'

암태면

암태도

승봉산 395.5
큰봉산 222.5
수곡리
노만사
승곡리 송곡 송곡리
기동3
기동
기동리
제일교회
해당
해당염전
큰골방조제
반도
암치도
암치도
소삼부도
벗섬선착장
농섬
윌섬
큰봉구지
작은봉구지
노만사
신변
수곡
암태중교
암태초교
GS암태농협장교
농협
중앙염전
단고리
포도
음달
수곡염전
도장제수지
도장리
도창교회
단고리
단고
암태
마경교
마경
매도선착장 매도
일금도
대삼부도
팔금초교
매도분교장(폐교)
거마도

A

삽섬
작은재봉 940
동구섬
진섬
추봉 1590
와촌
마명
송곡재 신기저수지
805
신기
거문도
거문
계림방조제
죽도
함미도

구출동 추포교회 연포염전
열남고랑
암태초교
추포분교장(폐교)
춘포해수욕장
추포도
중흥
추봉
도창리
중흥저수지
와촌리
남강진
남강선착장
매실도
선착장
북진
삼흥방조제
척성염전
척성방조제
고산
당고교
당고리
당고리
고산
고산선착장

B

34° 48'

비아섬
(예정도로)
기섬
시아나섬
조성도
추포선착장
신흥염전

장목저수지
원산저수지
서도등대
원산리
채일봉 198.5
서근
읍리
원산
좌도염전
원산선착장
대산두
금당산 130.0
영덕사
팔금
안좌중교
팔금분교장(휴교)
조시재 장촌
소삼
원마
진고리
진고교회
오림
노루섬
거사도
가사염전
화도

산노대섬
노대섬
모기섬
문동도
삽도
상사처등대
상사치도
상사치
소도례도
대도례도
닭섬
오동
시서리
두꺼비섬
산안교
기와도
고교염전
우이산
장촌리
팔금도
대사리도
소사리도
두봉
광일염전
광일방조제

C

368

34° 45'

목포-도초
수치도
상수치
상수치도
원도
개악도
내면도
외면도
외취도
가어지염전
소섬
가어지선착장

북진선착장
한운리
봉산 181.9
한운 큰재
방월
방월리
117호
방월리지석묘
서부교회
대우리
내호선착장
내호도
대유
소우
신촌리
선촌
안산 132.2
산안교
읍동
안좌
안좌초교
읍동리
안좌고교
와우
안좌교
안창도
금산선착장
저도
체섬
갓섬
갓섬등대
금산
대창염전
닭섬
금산리
금산2제
금동교회
탄동염전
탄
요락도
메밀섬

전 라 남 도

기좌도

내호리
내호
외호
외호도
금가섬
덕대길석지
등봉산 137.6
남부교회
구대리
구대
안좌남초교(폐교)
황금재
구대염전
남부교회
창마리
창마
창동
진동교회
안좌중교
대척
소척
대척리
남강리
남강
진변
학하
소곡리
소곡
탄동3제
서울염전
탄동리
포수개
금동교회
탄
큰산 149.0
여흘리
제일교회
산두리
산두초교
마항산 65.2
대 리
후동산 151.2
당골
산두리
모래섬방조제
모래섬

D

내우목도

소장도
대장도
장고도
외우목
외우목도
불넘어
대서도
보건진료소
선착장
반월도
반월리
견산 201.5
안좌초교
반월분교장
새빛교회
토촌
푸른섬
노루섬
두리
단도
두리선착장
반월선착장
박지선착장
박지도
박지리
박지
노양도
존포리
존포
존호염전
소도
대리교회
대리
대리천주교회
805
대송저수지
역개
서마교회
붉은언덕
대산수산
복호리
양골
해태공장
복호선착장
악도
서측매염전
휴암
805

34° 42'

큰폭
옥도
장치리
옥도선착장
옥도리
별도
큰폭
흉도

하 의 면

북강-북강
부소
부소도
방구도
부소선착장
부소염전
자라선착장
안좌자라출장소
춘전염전
자라리
자라분교회
자라교회
소두황섬
소무랑섬
안좌초교
계림분교장
계림선착장
계림염전
중산
자라리
중산도
진흥교회

장 산 면

미록도
서도내기
한새골선착장
한새골
발막고지
북강선착장
북강
원산지방조제
안비소
비소
대섬
노랑섬

E

장병도
문병도
대장도
소장도
구두도

오음리
서도염전
작은한새골
후포염전
후포
오음리
200
200.2
앞녘
차돌이

126° 03'
126° 06'
126° 09'

4 5 6

4차선이상
2 차 선

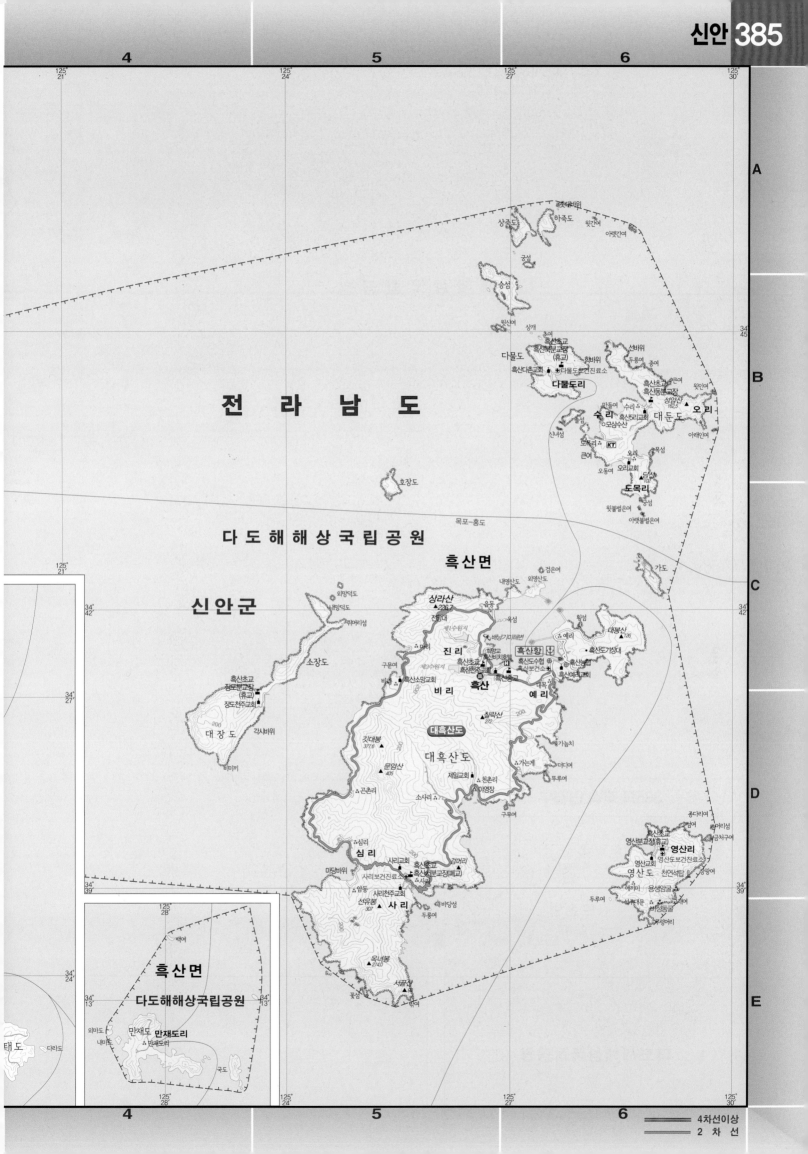

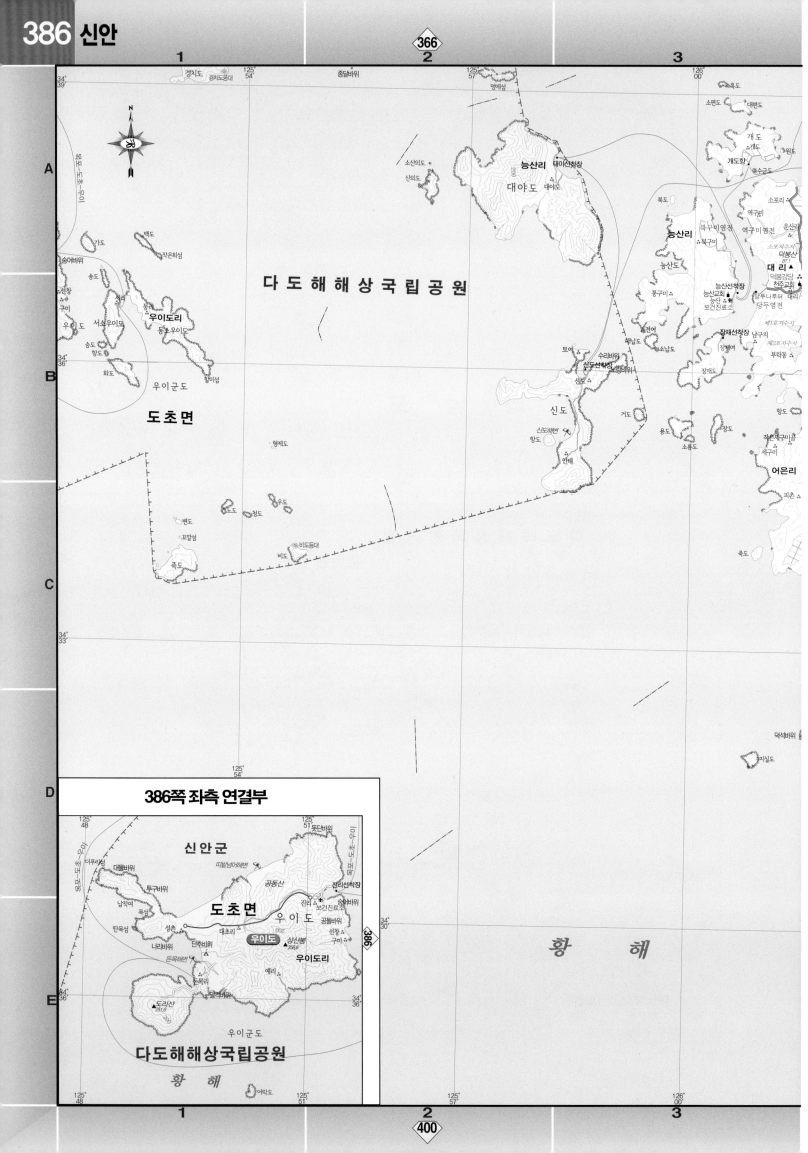

신안군

하의면

신의면

전 라 남 도

장산면

장산도

진도군

조도면

지산면

진도

367
388
401
402

4차선이상
2 차 선

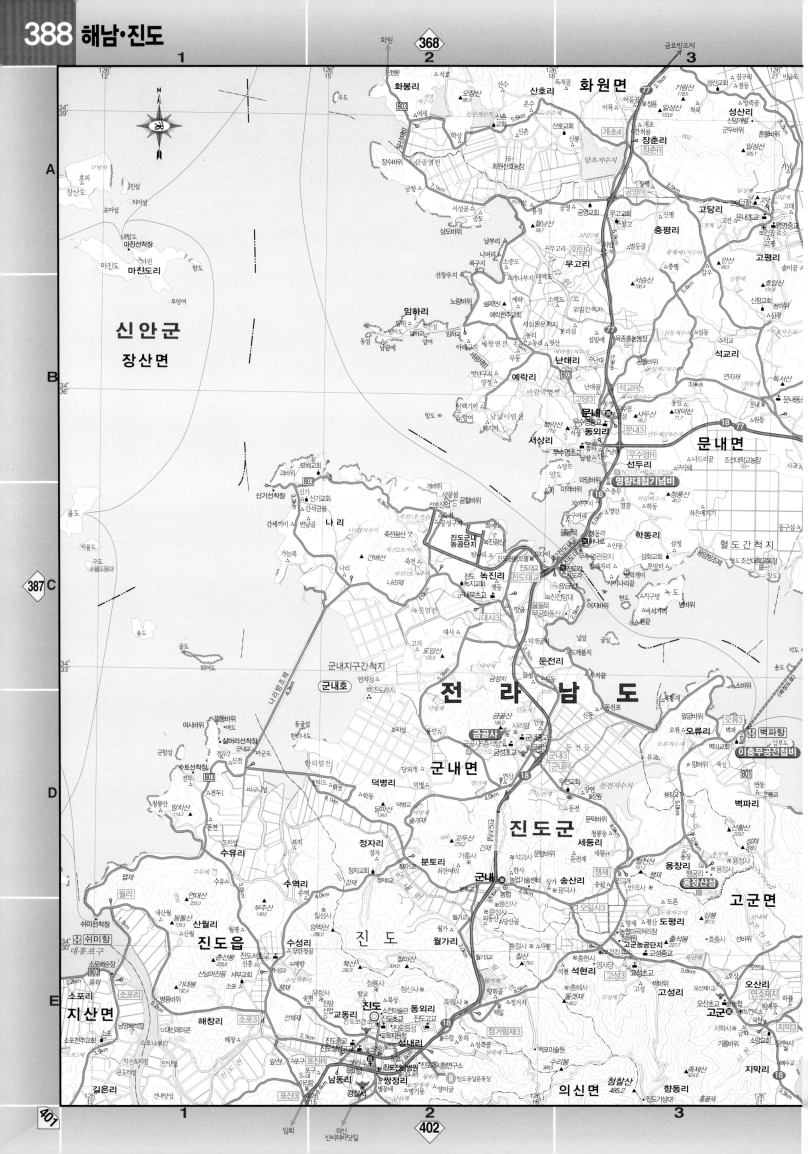

신안군
장산면

전 라 남 도

진도군

화원면

문내면

군내면

진도읍

지산면

고군면

의신면

4
5
6

18
벌포
벌포선착장
땅기미
해태종묘배양장
모사선착장
126° 24'
126° 27'
126° 30'
영터
송산리
탄동
송산목
주천리
77
상마도
상마
석호리
동제
흑석리
석호제
삼마리
안도
화산면
밤넘어
다박포
구성리
평호리
평발리
사포리
삼호보건진료소
좌일리
대인동
대지리
안호리
안정
백포교회
봉자골
백포리
정룡산
장동
중마도
안도
하마
하마도
서당도
죽도
송평저수지
수동
송계리
중정
두모
선장
두모교
용호항
장반터
금호도교회
오산초교
금호도분교장(휴교)
금호선착장
금호
상변도
중변도
목포-제주
하변도
중도
박정리
대봉
송암
가차리
강차리
806
부평
화내리
77
학가협전
학가리
학가
신평
신평리
미야리
돌머리
해남연결
삼거리
종자동
독고개
해남군
우근리
백교
백암목
금산사
큰산골
송지중교교
미야
내장
가시모리
참새골
우근리
강남
소주동
방죽골
갈도
동현리
동현리
외장
산정리
송지초교
산정리
송지
논개섬
봉현
농협
송지
넓적바위
동현지
경기면
동현
어란리
갈맹섬
어란리
어란진초교
송지면
소죽리
엄남3
어란등대
시루섬
77
죽도
대죽3
중리교
어불도
어불
중리
허준유배지
(MBC드라마
중도 허준촬영지)
땅끝
전망대
송지
작은솔섬
큰솔섬
남 해
땅끝황토나라
테마촌
Oil bank 땅끝
보건진료소
땅끝송호해변
송호초교
서화도
송호리
땅끝콘도
완도군
군외면
땅끝오토캠핑장
올인파크모텔
갈산
갈산임야장
해남땅끝호텔
서화
노화읍
땅끝전망대
126° 24'
126° 27'
126° 30'
어룡도
귀막섬
토말

A
B
C
404
D
E

413
414

4차선이상
2 차 선

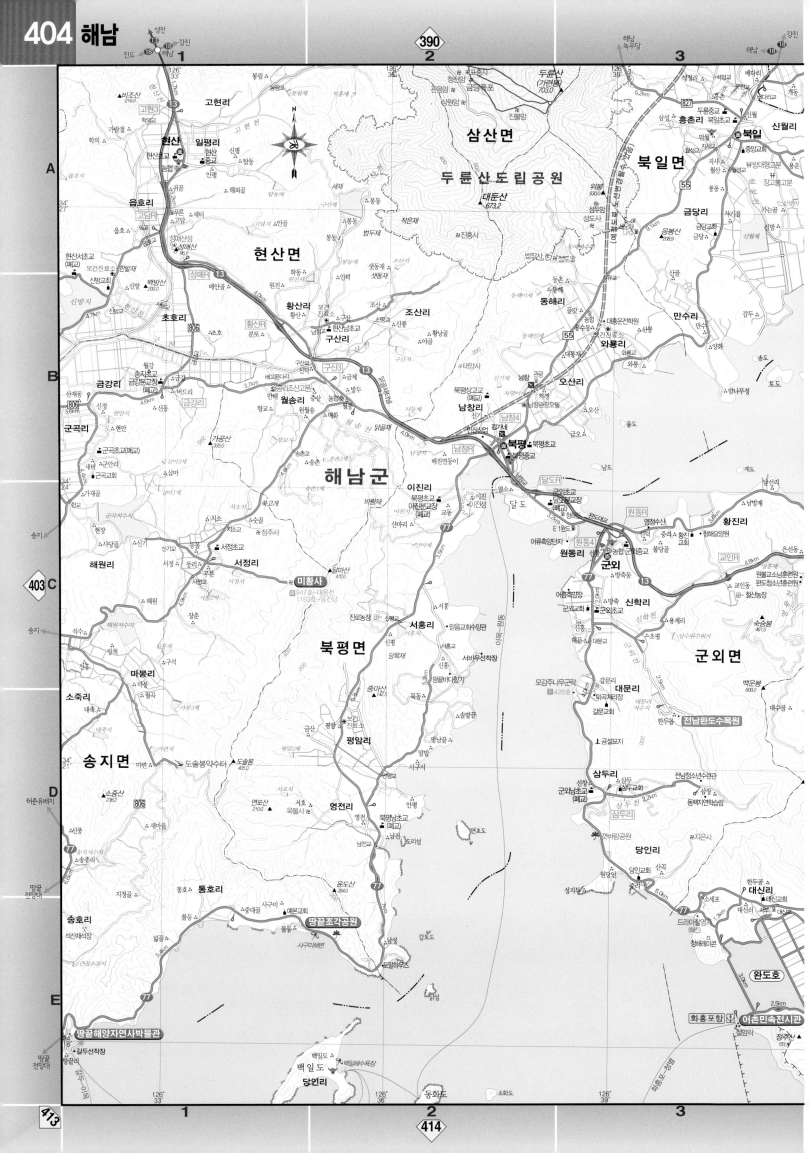

390
2

3

강진
해남 녹우당
해남 18 강진

두륜산 827 배다리
(가련봉) 석리 개동
703.0 두륜중교 어리비교
삼성 흥촌리 북일초교
5.2km

삼산면 북일면 신월리
두륜산도립공원 북일
위봉 금당리 사기촌
대둔산 530.0 55 금당교회
673.2 금당 신방
진흥사 응봉산
208.9

현산면 동촌 만수리 갈두
동해 만수 송도
동해리 양화

황산리 조산 농협
황산 조산리 동해 대흥운전학원
현산남초교 조산 대통재 55 와룡리
구자 산풍 건지초교 와룡교
구산리 북평상고교 대통교 와룡
현산 남창리 차량정비 오산
신덕 신기 남창팜파모텔 오산리
금제 남창4 오산
월송리 구산3 13 인사사업 금오 율도
원월송 방두 향교 남창R
매화 남창교 북평 북평초교
닭골재 배진연등이 북평중교
송촌 4.0km 남창 남도
송초1제

이진리 계도
해남군 북평초교 이진성 달도R
이진분교장 코외초교 남선리
(폐교) 이진 원동운동장
교동 3.2km 완도대교 원동R 남방계
산마리 산마재 77 어류축양단지 황진리
77 어류축양장 청해요양원
해원리 서정초교 원동리 군외 교인R
서정 후분 신평 군외교회 방축동
서정리 서흥 군외중교 원광교소남훈련원
서정2제 신평 서흥교 신학리 완도청소년훈련원
서흥리 서흥 신학천 용계리 철산농장
미황사 민음교회수양관 북평면 신흥 대문교 초평
947호-대웅전 서비우선착장 군외면
1183호-웅진당 땅끝바다향기 모감주나무군락 갈문리
428호 대문리 백운봉
진로농장 신평 미곡처리장 600.0
달마산 중마산 갈문교회 대수골
470.0 42.5 묵도 공설묘지
금산 평암 송밭골
평암리 솔밭골 삼두리 전남청소년수련관
평남골 선창 삼두 백운
마봉리 삼두교회 삼장 2.2km
마봉 말밭 군외남초교(폐교) 동백자연학습림
소죽리 사구시 삼두천
대촉 삼호지 삼두리
영전리 서호 갯바람공원 당인리
송지면 도솔봉약수터 영전 옥동사 안평
마련 도솔봉 북평남초교 원당원 당인교회 곡리
소중산 405.0 (폐교) 성지골
236.2 남전 드라마촬영지
남천 (해신) 한두골
신풍 남천교 대신리
도리섬 대신교회
새마을 연초도 화홍포항 대리
77 소세포
송종리 통호 통호리 어촌민속전시관
통호 석포
지정골
송호리 사구미 완도호
석산해수장 중대곡 예본교회 감토도 3.0km
넛골 불등
땅끝조각공원 화홍포항 어촌민속전시관
땅끝해양자연사박물관 도밀하우스 남성
77 사구미해변

갈두선착장 백일도 소화도 동화도 백일해수욕장
당인리

413
1

414
2

3

4

6

강진군

신전면

대구면

마량면

권포리
수인리
원포리
상흥리
신마3
숙마3

사초리
사초

용일교회
용일
용일리
내동리
방산리
북일초
산동분교장
(폐교)
봉화교회

사내호
장죽도
강진만

마량면
마량교
마량농공단지
마량교회
만덕성지
마량리
77
마량
마량항

신 리
대덕

A

신마

신리

덕동리
덕동초교
넙도분교장
(폐교)
원도

가교도선장
고금도연육교
교성리
가교리
음마동
음마2제

넙도

B

전 라 남 도

고금면
고금도

불목리
고마도
군외동초교
고미분교장
(폐교)

불목리
삼림식품
군외
불목교회
불목교장
(휴교)
산동
제목교회
영풍
제포

영풍리

대야리
대야교
대야천
농업기술원
완도시험지
대야리
청해진교회
대지소교

장좌리
장좌초교
청해
장좌교회
장도
장보고기념관

완도군

청용리
진동

용초리
고금초교
용촌분교장
(폐교)

덕암리
수향사
고금초교앞
봉명리
봉성리
봉황산
214.5
정선수산
장흥

고금
농상리
건너동
고금중교
회룡리
회룡
고금남초교
(폐교)
상정교회
상정
상정리

세동리
갯동
세동
덕동리
고금초교
착선분교장
(폐교)

고금호

약산

C
406

완 도

죽청리
죽청교
죽청천
죽청
제동수산

완도읍

엄목R
완도농공단지
학군식품
경찰서
보건의료원
일해식품

신지면

덕월리
신지
신지중교
대곡리
노학봉
225.4
신기리

D

가용리
완도
약산식품
완도협동농사

신지대교
강독교회
강독분교장
신지대교
강독
어류양식장
물하태R

송곡초교
송곡리
송곡
77
13
신리
신지
제일교회
신상리
신지도

신지동초교
신지동중교
(폐교)

화흥초교
부흥교회
부흥리
화흥리
대신교
대구리

가용리
완도고교
중앙초교
신협조합
소가리
완도수산고교
노래방농장
완도관광호텔

다 도 해 해 상 국 립 공 원

명사십리해변

월양리

E

정도리
중도리
중도리수원지

완도여중교
군내리
완도초교
남망봉
151.8
완도중교
완도해양경찰서

구계등자갈밭

4차선이상
2 차 선

장흥 안양

도청리
공성산 367.0
진명사
잠두
N
박장
잠두리
잠두리
77 23
4.4km
사업장
신여제

회진리 회덕중교
진목교회 진목
200

덕산리 819
장산
기바우산
3.0km
대 리
하나지
죽도

A
마랑
칠봉도자기
보건진료소
이신3
이신
4.1km
대덕읍
갯나들
천두리
진목리
16.0km
이희진
산저
여동제
회진면
농장
탱자섬
노력
노력도
기학선착장

신 리
내저
2km
옹암리
갯벌체험학교
옹암
갈매기체험장
산골 회진초교
식금분교장
(폐교)
안식금
식금교회
보건진료소
장흥군
소마리도
대마리도
소대구도
재도
질마도
도작도

B
원도 덕동리 초완도
초완도
고금면
인도
장고도
마랑-생일
대대구도
황도

님고리
대죽도
소죽도
섬어두지
진작개
어두
장고도
회진-녹진

충무사 114호
34° 24'
섬목
화가
정개도
해동초교
어두분교장
(폐교)
830
소철기도
대철기도

운동
찬동
약산
약산초교
구성
보건지료소
830
자은가래
가래
4.0km
4.0km
정자도

405
C
고금
1.8km
천동선착장
연동제
약산연도교
약산서부교회
약산중고교
죽선 황룡사
830
4.0km
해동리
보건진료소
해동리
우두리
신가
여동화
이산
장용리
해동서소사
당목
수협활영장
소개도
약산초교
우두분교장
(폐교)
관중
장용리
약산면
조약도
가시동
당목
양목지
우두
관서
관산
삼문산 399.0
200
해동사
공고지산 336.4
200
도장선착장
납대지
도장리

관산리
3.5km
가시해수욕장
2.8km
일정항
장정리 도장리교회
연리

약산호
구암리
상특암
득암리
사동
득암
일정리
화전포 제일
수협
화전나루터
화전포 교회

34° 21'
D
완도군
대굴도
소굴도

새포
손천여
혈도
소등도

밤산 151.0
마골
기선봉 141.0
정경수산
금일중교
생일분교장
동촌 생일
보건지료소

동고리
명재
보건진료소
동고 동고제저
완도학생의집
소동도
생일면
유서리
학은암
서성리
생영초교

신 지 도
동촌
신지면
동고리해수욕장
갈마도
백운산 483.1
폐기물처리장
생영초교
금곡분교장
(폐교)
금곡
생 일 도
봉선리
굴전리
생영초교
봉선분교장

신지
월양리
기안교
도트럼끝
무생끝
형도
금곡교회
금곡리
금곡라크트
금곡해변
봉산교회
어류축양장
해안갯돌밭
봉선리
굴전리
도룡랑도
도용량도
소룡랑도

내룡도
외룡도
수문여
모여
제도
금머리
도룡랑도

4   5   6

126° 15'　126° 18'　126° 21'

33° 33'

N

A

남　해

B

33° 30'

가문동포구
호텔비치스
구엄포구
하동
가문동

제주시

제주올레16코스
베니키아호텔
올레리조트앤스파
밀레니엄호텔
남또리별장
호텔마나가텐버지루
구엄리
중엄리
신엄리
진수리
구엄초교
수산우물지
명동

C   422

애월항
애월만로
애월정교
애월
고내리
신엄
자운당
대동광업
써비스센타
물매초교

시해수산
애월리
한탐동
대림동
제주토비스
서성동
도사관 서동
애월4
애월고교
주사랑요양원
애월입구
고내봉 175.3
하가리
앞돈네
용가름
연화동
용흥리
삼화농원
상동
정용사
장전리
장용
제주시

한라농수산
곽지리
광명사
서동
보건진료소
원동
상가리
토취장
중산간도로
장전
장전초교
중문단지
제주시

곽지과물해변
귀덕
금성포구
하동
곽지4
과오름
서동
동하동
납읍리
동동
소길리
애월읍

제주 완주코스
귀덕2리포구
복덕포구
장라동
금성리
서상동
서하동
동동
상동
소갈
소길R

수원리
귀덕초교
귀덕1리
중동
제주무통밤
납읍교
남읍남대림지대
립일사
375.3
마이테르유스호스벨
(스포츠센터)

동덕여자대학교
제주연수원
평수포구
대수포구
한수리
수원교
신서동
신흥리
한교동
동동
봉성리
검은데기오름
동흥리콘
정우휴관
한길정보
통신학교

천주교회앞
대림리
중동
하동
변하우스호텔
제주올레15코스
어도오름
농
어도초교
자이동
부면동
계원동
어음리
빌레못동굴
342호
상가리
제주우전
면허시험장
경길운전학원
소길R

한림항
52시장
한림마트
광화동
마흘동
동개동
진명동
제주특별자치도
제주시

보건소
한림1리
진동산
한림리
상대리
종구실
보건진료소
봉성리
천아오름
133.6
명월문화마
어음동
동동
전재목장
어음리
원동
원동R

용포4
제주
한림고교
한림초교
서부소방서
한국남부발전
서부관광도로
한림읍

협재포구
바다그리
협제 하동
옹포리
옹포고교
남문동
황룡사
명월리
한국남부발전
한흥목장
동명리
서동

협재해수욕장
협재리
한림공원
일성온도
생용굴
동명4
천통의상7배별
및첸승
한영강사
동동골
명월오름
명월리
문수동

라온프라이빗C.C
엘리시안제주C.C

4   5   6

427

━━━ 4차선이상
━━━ 2 차 선

428

4   5   6

제주올레19코스
제주올레18코스
제주 완주코스

동복입구
동복분교장
동복리
북촌초교
북촌3
북촌리
구좌읍
구사산
함덕서우봉해변
함덕지구
함덕초중고교앞
함덕리
함덕중교
함덕입구
크라운 C.C

신흥리
조천중교
조천리
신촌리 조천
신촌입구
신촌선착장
선착장
삼양검은모래해변
삼양동
삼화지구
삼양검문소
도련4
도련동
화북동
영평동
신안동
동수동
양천동
봉수동
청래동

와흘리
본동
와흘리
회천동
대흘리
명도암입구
봉개동
대흘초교
보건
대흘교회 하늘진료소
오렌지팜
선인동
와산리
일방오름
목선동
산굼부리
분화구

명도암관광목장
폐기물처리장
탐라운전학원
펜션낭
제주시
조천읍
에코랜드 G.C
피꼬리오름
세계지질공원
함덕초등교
산인분교장
동부산업도로
동부산업도로

그린필드 G.C
남조로R
수당목장
바농오름
매천이오름

제주특별자치도
라헨느 C.C
플라자 C.C제주
작은지그리오름
돌문화 야외전시장
큰지그리오름
제주돌문화공원
아오무대
교래자연휴양림
교래4
제주미니미니랜드
산굼부리분화구
교래리
상동
부대오름
민오름
부소오름
까끄레기오름
탐라승마장
제주승마장

제주할 C.C
제주절물자연휴양림
절물오름
샛개월이
민오름
선흘한우단지
제동목장입구
제주도지방
개발공사
레츠런팜제주
제동목장
구두리오름

신비의도로
제주 C.C
왕벚나무자생지
개월이오름
명도암입구
지그리오름
제2교래교
동배오름
상동
삼나무길
대원목장

서귀포시
표선면
정석공항

붉은오름자연휴양림
말잣오름
붉은오름
태역장오리
살손장오리
물장올
넙거리오름
물잣오름
괴평이오름
첫망오름

불칸디오름
아후오름
성판악코스
(9.6km)
성판악
루오름
영아리

4   5   6

자전거도로
제주올레길
4차선이상
2차선

1   2   3

A

B

C

D

E

제주시

제주특별자치도

서귀포시

구좌읍

성산읍

표선면

김녕항

김녕해수욕장

월정해수욕장

김녕리

월정리

행원리

한동리

평대리

세화리

세화해수욕장

상도리

하도리

덕천리

송당리

비자림

수산리

난산리

신산리

가시리

성읍리

성읍민속마을

세인트포 C.C

사이프러스 C.C

정석항공관

만장굴

제주올레19코스

제주올레20코스

국립제주박물관

목지섬

김녕입구

입주R

한동R

세화고입구

둔지봉
둔지오름 282.0

비자림
돗오름 287.0

월랑봉 382.4
다랑쉬오름

아끈다랑쉬오름

은월봉 180.0

용눈이오름 247.8

높은오름 403.0

손지오름 256.0

대왕산 157.6

두산봉4
알오름 145.1

전이미 103.0

한질

어대오름 209.0

북오름 304.0

주체오름

종제기오름 250.0

뒤굽은이오름

식은이오름 285.2

안진오름

메이즈랜드

어도오름

거친오름 340.0

체오름 383.0

벗돌오름 354.0

안돌오름 368.0

당오름 220.0

새미오름 380.0

아부오름 222.0

치오름 303.9

문석이오름 292.0

백악이오름 308.0

동검은이 330.0

궁대오름 230.0

남거니오름 185.1

좌보미 342.0

후곡악 206.2

민오름 362.0

돌리미오름 300.0

비치미오름 344.0

개오름 345.0

성불오름 361.1

가나안 교회

나시리오름

명에오름

유건에오름 190.2

모구리오름 232.0

영주산 326.4

느지나무 못뱅듸 161.5

모지오름 306.0

장자오름 215.8

따라비 294.3

대록산 420.0

새끼오름 301.2

독자봉 159.3

통오름 141.5

제주올레3-A코스

비파인월드

대천동

OK승마장

제주아트랜드

클럽하우스

빌리지

제2제주국제공항 예정지

일출랜드

제주조랑말타운

1132   1136   1112   1119   97

제주시 조천 남원

산굼부리 문화구

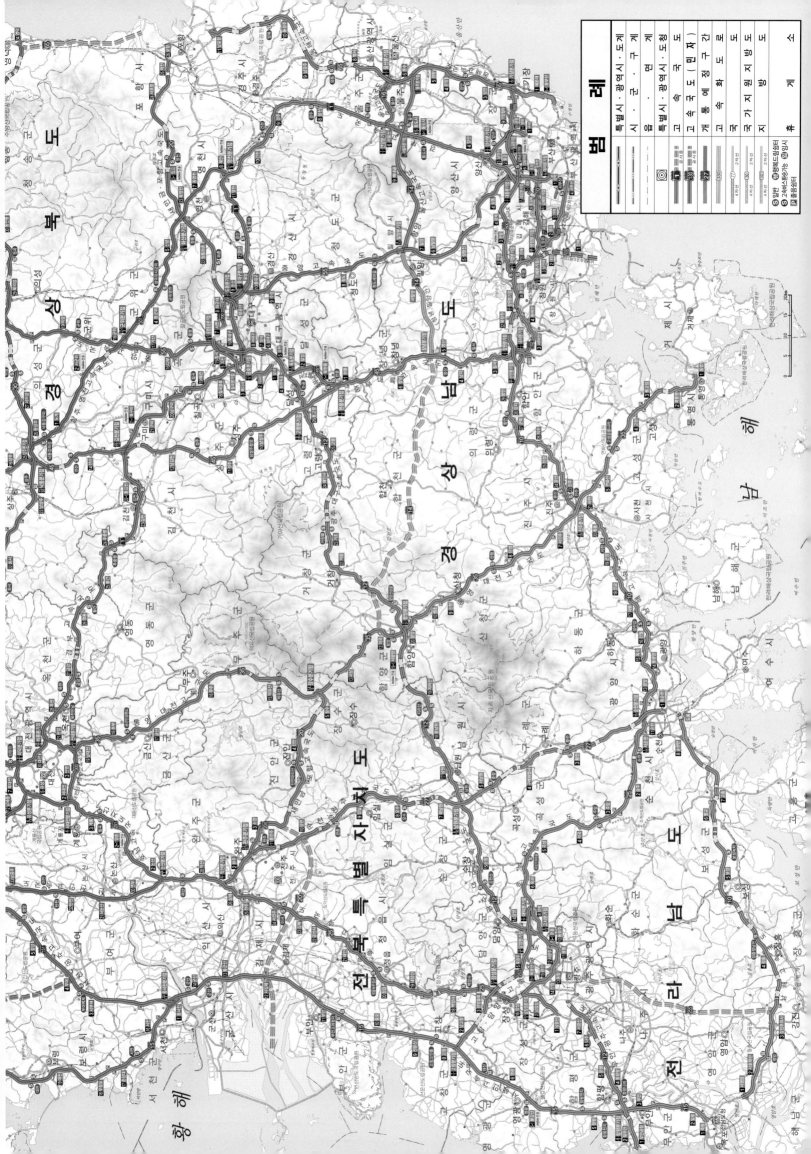

영진7만5천지도

발 행 일 : 2024년 5월
발   행 : 영 진 문 화 사
출판신고번호 : 25100-1978-000007(1978. 7. 25)
발 행 인 : 이 관 호
현 지 조 사 : 영진문화사 (조사부)
주   소 : 서울특별시 동대문구 천호대로13길 36 (용두동 234-51)
전   화 : (02)923-8472
            (02)929-0070 (편집부)
인   쇄 : (주)문덕인쇄   전 화 : (02)462-8980

복제불허

⊙ 지도제작
1. 대한측량협회 심사필 제2008-004호(2008.01.04)
2. 본 영진7만5천지도는 국토지리정보원 발행 1:25,000 1:50,000 기본도를
   사용하여 본사의 현지조사와 자료수집에의거 편집 제작함.
3. 국토지리정보원장이 발간한 기본도상에 표기된 지형,지물 등 이외의
   자료(예:도로계획선)는 제작자가 수집 또는 조사 표기한 것임.
4. 본지도의 좌표는 "한국측지계(한국적용동경측지계)"를 토대로 작업되었습니다.
※ 본지도에서 예정선으로 표기된 도로,철도선은 변경 또는 취소될수 있음에
   정확을 요하는 측량 또는 증명용으로 사용할 수 없습니다.
※ 본 책자의 내용을 무단전재나 무단복제 행위는 저작권법 제98조에 의거 3년
   이하의 징역 또는 3,000만원 이하의 벌금에 처하게 됨.

정가:40,000원

ISBN 978-89-6901-040-7

13980

9 788969 010407
ISBN 978-89-6901-040-7